ENVIRONMENTAL ENGINEERING DICTIONARY OF TECHNICAL TERMS AND PHRASES

ENVIRONMENTAL ENGINEERING DICTIONARY OF TECHNICAL TERMS AND PHRASES

ENGLISH TO POLISH AND POLISH TO ENGLISH

FRANCIS J. HOPCROFT
AND GABRIELA KURAN

MOMENTUM PRESS, LLC, NEW YORK

Environmental Engineering Dictionary of Technical Terms and Phrases: English to Polish and Polish to English

Copyright © Momentum Press®, LLC, 2017.

First published by Momentum Press®, LLC
222 East 46th Street, New York, NY 10017
www.momentumpress.net

ISBN-13: 978-1-94561-214-5 (print)
ISBN-13: 978-1-94561-215-2 (e-book)

Momentum Press Environmental Engineering Collection

Collection ISSN: 2375-3625 (print)
Collection ISSN: 2375-3633 (electronic)

Cover and interior design by Exeter Premedia Services Private Ltd., Chennai, India

10 9 8 7 6 5 4 3 2 1

Printed in the United States of America

ABSTRACT

This reference manual provides a list of approximately 300 technical terms and phrases common to Environmental and Civil Engineering which non-English speakers often find difficult to understand in English. The manual provides the terms and phrases in alphabetical order, followed by a concise English definition, then a translation of the term in Polish and, finally, an interpretation or translation of the term or phrase in Polish. Following the Polish translations section, the columns are reversed and reordered alphabetically in Polish with the English term and translation following the Polish term or phrase. The objective is to provide a Technical Term Reference manual for non-English speaking students and engineers who are familiar with Polish, but uncomfortable with English and to provide a similar reference for English speaking students and engineers working in an area of the world where the Polish language predominates.

KEYWORDS

English to Polish translator, Polish to English translator, technical term translator, translator

CONTENTS

ACKNOWLEDGMENTS

The assistance with verification of the various translations provided by Bozena Gres-Kuran and Marek Kuran is greatly appreciated and gratefully acknowledged.

CHAPTER 1

INTRODUCTION

It is axiomatic that foreign students in any country in the world, and students who may be native to a country, but whose heritage may be from a different country, will often have difficulty understanding technical terms that are heard in the non-primary language. When English is the second language, students often are excellent communicators in English, but lack the experience of hearing the technical terms and phrases of Environmental Engineering, and therefore have difficulty keeping up with lectures and reading in English.

Similarly, when a student with English as their first language enters another country to study, the classes are often in the second language relative to the student. These English-speaking students will have the same difficulty in the second language as those students from the foreign background have with English terms and phrases.

This book is designed to provide a mechanism for the student who uses English as a second language, but who is technically competent in the Polish language, and for the student who uses English as their first language and Polish as their second language, to be able to understand the technical terms and phrases of Environmental Engineering in either language quickly and efficiently.

CHAPTER 2

HOW TO USE THIS BOOK

This book is divided into two parts. Each part provides the same list of approximately 300 technical terms and phrases common to Environmental Engineering. In the first section the terms and phrases are listed alphabetically, in English, in the first (left-most) column. The definition of each term or phrase is then provided, in English, in the second column. The Third column provides a Polish translation or interpretation of the English term or phrase (where direct translation is not reasonable or possible). The fourth column provides the Polish definition or translation of the term or phrase.

The second part of the book reverses the four columns so that the same technical terms and phrases from the first part are alphabetized in Polish in the first column, with the Polish definition or interpretation in the second column. The third column then provides the English term or phrase and the fourth column provides the English definition of the term or phrase.

Any technical term or phrase listed can be found alphabetically by the English spelling in the first part or by the Polish spelling in the second part. The term or phrase is thus looked up in either section for a full definition of the term, and the spelling of the term in the both languages.

CHAPTER 3

ENGLISH TO POLISH

English	English	Polski	Polski
AA	Atomic Absorption Spectrophotometer; an instrument to test for specific metals in soils and liquids.	AA	Spektrofotometr absorpcji atomowej; Urządzenie do testowania specyficznych metali w glebach i płynach.
Activated Sludge	A process for treating sewage and industrial wastewaters using air and a biological floc composed of bacteria and protozoa.	Osad Czynny	Sposób oczyszczania ścieków przemysłowych, przy użyciu powietrza i kłaczków biologicznych składających się z bakterii i pierwotniaków.
Adiabatic	Relating to or denoting a process or condition in which heat does not enter or leave the system concerned during a period of study.	Adiabatyczne	Dotyczący lub oznaczający proces lub stan, w którym dany uklad nie pobiera i nie oddaje ciepła w czasie badania.
Adiabatic Process	A thermodynamic process that occurs without transfer of heat or matter between a system and its surroundings.	Przemiana Adiabatyczna	Proces termodynamiczny w czasie którego nie następuje wymiana ciepła lub materii między systemem a jego otoczeniem.
Aerobe	A type of organism that requires oxygen to propagate.	Tlenowiec	Rodzaj organizmu, który rozwija się jedynie w obecności tlenu.

English	English	Polski	Polski
Aerobic	Relating to, involving, or requiring free oxygen.	Tlenowy	Związany, odnoszący się lub wymagający wolnego tlenu.
Aerodynamic	Having a shape that reduces the drag from air, water, or any other fluid moving past an object.	Aerodynamiczny	Mający kształt, który zmniejsza opór powietrza, wody, albo innych płynów podczas ruchu.
Aerophyte	An epiphyte	Aerofit	Epifit
Aesthetics	The study of beauty and taste, and the interpretation of works of art and art movements.	Estetyka	Badanie piękna i gustu, interpretacja dzieł sztuki i kierunków artystycznych.
Agglomeration	The coming together of dissolved particles in water or wastewater into suspended particles large enough to be flocculated into settlable solids.	Aglomeracja	Proces łączenia się rozpuszczonych cząstek w wodzie lub w ściekach i formowania na tyle dużych cząstek, że mogą być poddane flokulacji w postaci osadu.
Air Plant	An epiphyte	Aerofit	Epifit
Allotrope	A chemical element that can exist in two or more different forms, in the same physical state, but with different structural modifications.	Alotropia	Chemiczny element który może istnieć w dwóch lub większej ilości form, w tym samym stanie fizycznym, ale zmieniony strukturalnie.
AMO (Atlantic Multidecadal Oscillation)	An ocean current that is thought to affect the sea surface temperature of the North Atlantic Ocean based on different modes and on different multidecadal timescales.	Multidekadowa Oscylacja Atlantyku	Prąd morski, ktory przypuszczalnie ma wplyw na temperaturę powierzchni Północnego Oceanu Atlantyckiego, zaleznie od trendów klimatycznych i skali czasowej.
Amount Concentration	Molarity	Stężenie Molalne	Molalność

English	English	Polski	Polski
Amount vs. Concentration	An amount is a measure of a mass of something, such as 5 mg of sodium. A concentration relates the mass to a volume, typically of a solute, such as water; for example: mg/L of Sodium per liter of water, or mg/L.	Ilość i koncentracja	Liczba określająca masę substancji np. 5 mg sodu. Koncentracja jest stosunkiem danej masy do objętości, zazwyczaj substancji rozpuszczalnej jak woda, np. mg/l sodu na litr wody.
Amphoterism	When a molecule or ion can react both as an acid and as a base.	Amfoteryczność	Zdolność cząsteczki lub jonu do reakcji jako kwas i jako zasada.
Anaerobe	A type of organism that does not require oxygen to propagate, but can use nitrogen, sulfates, and other compounds for that purpose.	Anaerob	Rodzaj organizmu, który nie wymaga tlenu do reprodukcji, ale może używac azot, siarczany i inne Zwązki w tym celu.
Anaerobic	Related to organisms that do not require free oxygen for respiration or life. These organisms typically utilize nitrogen, iron, or some other metals for metabolism and growth.	Beztlenowy	Spokrewniony z organizmami, które nie wymagają wolnego tlenu do oddychania lub życia. Te organizmy zwykle wykorzystują azot, żelazo lub inne metale dla metabolizmu i wzrostu.
Anaerobic Membrane Bioreactor	A high-rate anaerobic wastewater treatment process that uses a membrane barrier to perform the gas-liquid-solids separation and reactor biomass retention functions.	Beztlenowy Bioreaktor Membranowy	Wysoko ceniony beztlenowy proces oczyszczania ścieków, który wykorzystuje membranę bariery do rozdzielenia gazu, cieczy i substancji stałych oraz funkcje retencyjne reaktora biomasy.

English	English	Polski	Polski
Anammox	An abbreviation for "**Anaerobic AMMonium OXidation**," an important microbial process of the nitrogen cycle; also the trademarked name for an anammox-based ammonium removal technology.	Anamoks	Skrót od " anarobowego utleniania amonowego," ważnego procesu mikrobiologicznego w cyklu azotowym; Oraz jako znana nazwa technologii usuwania amonu.
Anion	A negatively charged ion	Anion	Ujemnie naładowany jon
AnMBR	Anaerobic Membrane Bioreactor	AnMBR	Beztlenowy bioreaktor membranowy
Anoxic	A total depletion of the concentration of oxygen in water. Distinguished from "anaerobic" which refers to bacteria that live in an anoxic environment.	Beztlenowe	Całkowite pozbawienie tlenu, przeważnie związane z ilością tlenu w wodzie. Różni się od "anarobowy", który odnosi się do organizmu żyjącego w otoczeniu beztlenowym.
Anthropodenial	The denial of anthropogenic characteristics in humans.	-	Zaprzeczenie antropogenicznych cech w rozwoju człowieka.
Anthropogenic	Caused by human activity.	Antropogeniczne	Spowodowane działalnością człowieka.
Anthropology	The study of human life and history.	Antropologia	Nauka zajmująca się badaniem ludzkiego życia i historii.
Anthropomorphism	The attribution of human characteristics or behavior to a nonhuman object, such as an animal.	Antropomorfizm	Przypisywanie otoczeniu np. zwierzętom, cech ludzkich i ludzkich motywów postępowania.
Anticline	A type of geologic fold that is an arch-like shape of layered rock which has its oldest layers at its core.	Antyklina	Forma geologicznego fałdu w kształcie łuku, uformowanego z warstw skalnych, który ma w środku swoje najstarsze warstwy.

English	English	Polski	Polski
AO (Arctic Oscillations)	An index (which varies over time with no particular periodicity) of the dominant pattern of nonseasonal sea-level pressure variations north of 20N latitude, characterized by pressure anomalies of one sign in the Arctic with the opposite anomalies centered about 37–45N.	AO (Arktyczne Oscylacje)	Wskaźnik (który zmienia się w czasie w nieregularnych odstępach) dominującej częstotliwości niesezonowych wahań ciśnienia atmosferycznego na poziomie morza na północ od 20 N szerokości geograficznej, charakteryzujący się anomalią cisnienia na obszarze Arktyki i odwrotnych anomalii skupionych w pobliżu 37–45N.
Aquifer	A unit of rock or an unconsolidated soil deposit that can yield a usable quantity of water.	Warstwa Wodonośna	Warstwa skał lub nieutwardzonego podloża, która umożliwia pobór znaczącej ilości wody.
Autotrophic Organism	A typically microscopic plant capable of synthesizing its own food from simple organic substances.	Autotroficzny Organizm	Typowo mikroskopijne rośliny zdolne do syntetyzowania własnej żywności z prostych substancji organicznych.
Bacterium(a)	A unicellular microorganism that has cell walls, but lacks organelles and an organized nucleus, including some that can cause disease.	Bakteria	Jednokomórkowy mikroorganizm, który ma ściany komórkowe, ale nie ma organelli i zorganizowanego jądra komórkowego, niektóre z nich mogą wywoływać choroby.
Benthic	An adjective describing sediments and soils beneath a water body where various "benthic" organisms live.	Denne	Przymiotnik opisujący osad i powierzchnię dna zbiornika wodnego, zamieszkałego przez różne organizmy.
Biochar	Charcoal used as a soil supplement.	Biowęgiel	Węgiel używany do wzbogacenia gleby w jego związki.

English	English	Polski	Polski
Biochemical	Related to the biologically driven chemical processes occurring in living organisms.	Biochemiczne	Odnoszące się do biologicznie napędzanych procesów chemicznych w żywych organizmach.
Biofilm	Any group of microorganisms in which cells stick to each other on a surface, such as on the surface of the media in a trickling filter or the biological slime on a slow sand filter.	Biofilm	Każda grupa mikroorganizmów, w których komórki sklejają się ze sobą na powierzchni, na przykład na powierzchni nośnika filtra do oczyszczania ścieków lub powolnego filtra piaskowego do oczyszczania szlamu.
Biofilter	See: Trickling Filter	Biofiltr	Zobacz: Filtr Ścieku
Biofiltration	A pollution control technique using living material to capture and biologically degrade process pollutants.	Biofiltracja	Technika kontroli zanieczyszczeń, wykorzystująca żywe organizmy do biologicznej likwidacji substancji szkodliwych.
Bioflocculation	The clumping together of fine, dispersed organic particles by the action of specific bacteria and algae, often resulting in faster and more complete settling of organic solids in wastewater.	Bioflotacji	Łączenie się rozproszonych cząsteczek organicznych poprzez działanie specyficznych bakterii i glonów, powodując często szybsze i pełniejsze osadzanie organicznych materiałów stałych w ściekach.
Biofuel	A fuel produced through current biological processes, such as anaerobic digestion of organic matter, rather than being produced by	Biopaliw	Paliwo produkowane drogą obecnych procesów biologicznych, raczej takich jak beztlenowa fermentacja substancji organicznych,

English	English	Polski	Polski
	geological processes such as fossil fuels, such as coal and petroleum.		niż wytwarzane w wyniku procesów geologicznych, takich jak paliwa kopalne, takie jak węgiel i ropa naftowa.
Biomass	Organic matter derived from living, or recently living, organisms.	Biomasa	Materia organiczna pochodząca od obecnie lub niedawno żyjących organizmów.
Bioreactor	A tank, vessel, pond or lagoon in which a biological process is being performed, usually associated with water or waste-water treatment or purification.	Bioreaktor	Zbiornik, naczynie, staw lub laguna, w której jest wyko-nywany proces biologiczny, zwykle związany z oczyszczaniem wody lub ścieków.
Biorecro	A proprietary process that removes CO_2 from the atmosphere and stores it perma-nently below ground.	Biorecro	Opracowany proces, który usuwa CO_2 z atmosfery i magazy-nuje go na stałe pod ziemią.
Biotransfor-mation	The biologically driven chemical alter-ation of compounds such as nutrients, amino acids, toxins, and drugs in a wastewater treatment process.	Biotransfor-macja	Biologicznie sty-mulowane reakcje chemiczne takich związków jak sub-stancje odżywcze, aminokwasy, toksyny i leki w procesie oczyszczania ścieków.
Black water	Sewage or other wastewater contam-inated with human wastes.	Czarna Woda	Oczyszczalnia ścieków lub innych odpadów pochodze-nia ludzkiego.
BOD	Biological Oxygen Demand; a measure of the strength of organic contaminants in water.	BOD	Biologiczne zapotr-zebowanie na tlen; miara poziomu zanieczyszczeń organicznych w wodzie.

English	English	Polski	Polski
Bog	A bog is a dome-shaped land form, higher than the surrounding landscape, and obtaining most of its water from rainfall.	Bagno	Forma terenu w kształcie kopuły, położona powyżej poziomu najbliższej okolicy. Jest ono zasilane głównie przez wody opadowe.
Breakpoint Chlorination	A method for determining the minimum concentration of chlorine needed in a water supply to overcome chemical demands so that additional chlorine will be available for disinfection of the water.	Przerwania Chlorowanie	Metoda używana do ustalenia minimalnego stężenia chloru w dostarczanej wodzie, niezbędnego do spełnienia wymagań chemicznych, dzięki czemu dodatkowe zapasy chloru będą dostępne do dezynfekcji wody.
Buffering	An aqueous solution consisting of a mixture of a weak acid and its conjugate base, or a weak base and its conjugate acid. The pH of the solution changes very little when a small or moderate amount of strong acid or base is added to it and thus it is used to prevent changes in the pH of a solution. Buffersolutions are used as a means of keeping pH at a nearly constant value in a wide variety of chemical applications.	Buforowanie	Wodny roztwór składający się z mieszaniny słabego kwasu i jego sprzężonej zasady lub słabych zasad i ich sprzężonego kwasu. Po dodaniu do roztworu małych lub umiarkowanych ilosci mocnego kwasu lub zasady, odczyn Ph niewiele sie zmienia dlatego jest stosowany w celu zapobiegania zmiany Ph roztworu. Roztwory buforowe są stosowane jako środki zabezpieczające pH na prawie stałym poziomie w wielu różnych zastosowaniach chemicznych.

English	English	Polski	Polski
Cairn	A human-made pile (or stack) of stones typically used as trail markers in many parts of the world, in uplands, on moorland, on mountaintops, near waterways and on sea cliffs, as well as in barren deserts and tundra.	Kopiec	Stos zbudowany przez człowieka z kamieni zwykle używanych do oznaczenia trasy w wielu częściach świata, na wyżynach, na wrzosowiskach, na szczytach gór, w pobliżu cieków wodnych i klifów jak również na jałowych pustyniach i tundrach.
Capillarity	The tendency of a liquid in a capillary tube or absorbent material to rise or fall as a result of surface tension.	Kapilarność	Zdolność cieczy w rurze kapilarnej lub stykającej się z materiałem chłonnym do podnoszenia się lub opadania pod wpływem napięcia powierzchniowego.
Carbon Nanotube	See: Nanotube	Nanorurka Węglowa	Zobacz: Nanorurka
Carbon Neutral	A condition in which the net amount of carbon dioxide or other carbon compounds emitted into the atmosphere or otherwise used during a process or action is balanced by actions taken, usually simultaneously, to reduce or offset those emissions or uses.	Carbon Neutral	Stan, w którym ilość netto dwutlenku węgla i innych związków węgla emitowanych do atmosfery lub wykorzystanych w inny sposób w trakcie procesu lub działanie jest równoważona przez podjęte działania, zwykle równocześnie, w celu zmniejszenia lub przesunięcie tych emisji i wykorzystania.

English	English	Polski	Polski
Catalysis	The change, usually an increase, in the rate of a chemical reaction due to the participation of an additional substance, called a catalyst, which does not take part in the reaction but changes the rate of the reaction.	Kataliza	Zmiana, zazwyczaj wzrost szybkości reakcji chemicznych ze względu na udział dodatkowej substancji, zwanej katalizatorem, który nie bierze udziału w reakcji, ale zmienia szybkość reakcji.
Catalyst	A substance that causes Catalysis by changing the rate of a chemical reaction without being consumed during the reaction.	Katalizator	Substancja, która powoduje katalizę zmieniając szybkość reakcji chemicznej, nie jest zużywana podczas reakcji.
Cation	A positively charged ion.	Kation	Dodatnio naład-owany jon.
Cavitation	Cavitation is the formation of vapor cavities, or small bubbles, in a liquid as a consequence of forces acting upon the liquid. It usually occurs when a liquid is subjected to rapid changes of pres-sure, such as on the back side of a pump vane, that cause the formation of cavities where the pressure is relatively low.	Kawitacji	Kawitacja polega na tworzeniu się pęcherzyków pary lub drobnych pęcher-zyków, w cieczy w wyniku sił działa-jących na ciecz. Zwykle pojawia sie to wtedy, gdy płyn jest poddany gwałtownym zmianom ciśnienia, na przykład na tylnej stronie łopatki pompy, które powodują tworzenie się wnęk tam gdzie ciśnienie jest stosunkowo niskie.
Centrifugal Force	A term in Newtonian mechanics used to refer to an inertial force directed away from the axis of rotation that appears to act on all objects when viewed in a rotating reference frame.	Siła Odśrodkowa	Termin mechaniki newtonowskiej stoso-wany w odniesieniu do siły bezwład-ności skierowanej od osi obrotu, który wydaje się działać na wszystkie przedmi-oty, obserwowane w ruchu obrotowym.

English	English	Polski	Polski
Centripetal Force	A force that makes a body follow a curved path. Its direction is always at a right angle to the motion of the body and toward the instantaneous center of curvature of the path. Isaac Newton described it as "a force by which bodies are drawn or impelled, or in any way tend, towards a point as to a centre."	Siła Dośrodkowa	Siła która powoduje zakrzywienie toru ruchu obiektu. Ten kierunek zawsze jest pod kątem prostym w stosunku do ruchu obiektu, i w stronę środka łuku. Isaac Newton opisał to jako "siła którą obiekty są ciągnięte albo pchane lub w jakikolwiek inny sposób mają tendencję kierowania się w stronę punktu centralnego."
Chelants	A chemical compound in the form of a heterocyclic ring, containing a metal ion attached by coordinate bonds to at least two nonmetal ions.	Chelatujące	Związek chemiczny w postaci pierścienia heterocyklicznego zawierającego jon metalu przymocowany skoordynowanymi wiązaniami do przynajmniej dwóch niemetalowych jonów.
Chelate	A compound containing a ligand (typically organic) bonded to a central metal atom at two or more points.	Chelat	Związek zawierający ligand (zwykle organiczny) związany z centralnym atomem metalu dwoma lub więcej punktami.
Chelating Agents	Chelating agents are chemicals or chemical compounds that react with heavy metals, rearranging their chemical composition and improving their likelihood of bonding with other metals, nutrients, or substances. When this happens, the metal that remains is known as a "chelate."	Środki Chelatujące	Czynniki chelatujące są to chemikalia lub związki chemiczne, które reagują z metalami ciężkimi, zmieniaję ich skład chemiczny oraz zwiększają prawdopodobieństwo łączenia się z innymi metalami, składnikami odżywczymi lub substancjami. W takim przypadku metal który pozostaje znany jest jako "chelat."

English	English	Polski	Polski
Chelation	A type of bonding of ions and molecules to metal ions that involves the formation or presence of two or more separate coordinate bonds between a polydentate (multiple bonded) ligand and a single central atom; usually an organic compound.	Chelatacja	Rodzaj wiązania jonów i cząsteczek w jony metali, które polega na tworzeniu się lub obecności dwóch lub większej ilości odrębnych wiązań koordynacyjnych między wielokleszczowym (wielokrotnie wiązany) ligandem i pojedynczym atomem centralnym; zazwyczaj związek organiczny.
Chelators	A binding agent that suppresses chemical activity by forming chelates.	Chelatory	Środek wiążący, który hamuje aktywność chemiczną poprzez formowanie chelatów.
Chemical Oxidation	The loss of electrons by a molecule, atom, or ion during a chemical reaction.	Chemiczne Utlenianie	Utrata elektronów przez cząsteczki, atom lub jon podczas reakcji chemicznych.
Chemical Reduction	The gain of electrons by a molecule, atom, or ion during a chemical reaction.	Redukcja Chemiczna	Zwiększenie ilości elektronów przez cząsteczki, atom lub jon podczas reakcji chemicznych.
Chlorination	The act of adding chlorine to water or other substances, typically for purposes of disinfection.	Chlorowanie	Proces dodania chloru do wody lub innej substancji, dla celów dezynfekcji.
Choked Flow	Choked flow is that flow at which the flow cannot be increased by a change in pressure from before a valve or restriction to after it. Flow below the restriction is called Sub-critical Flow, above the restriction is called Critical Flow.	Przepływ Dławiony	Przepływ w którym strumień nie może zostać zwiększony przez zmianę ciśnienia przed zaworem lub ograniczenia za nim. Przepływ poniżej ograniczenia nazywamy spokojnym, przepły nad ograniczeniem nazywamy krytycznym.

English	English	Polski	Polski
Chrysalis	The chrysalis is a hard casing surrounding the pupa as insects such as butterflies develop.	Kokon	Twarda obudowa otaczająca larwę w czasie rozwoju owadów takich jak motyle.
Cirque	An amphitheater-like valley formed on the side of a mountain by glacial erosion.	Kotlina	Dolina wyglądająca jak amfiteatr powstała na zboczu góry w wyniku erozji lodowcowej.
Cirrus Cloud	Cirrus clouds are thin, wispy clouds that usually form above 18,000 feet.	Chmura Pierzasta	Chmury pierzaste są cienkie, delikatne, które tworzą się na ogół powyżej 18.000 stóp.
Coagulation	The coming together of dissolved solids into fine suspended particles during water or wastewater treatment.	Koagulacja	Łączenie się rozpuszczonych ciał stałych w drobne cząstki w czasie oczyszczania wody lub ścieków.
COD	Chemical Oxygen Demand; a measure of the strength of chemical contaminants in water.	COD	Chemiczne zapotrzebowanie na tlen; miara siły zanieczyszczeń chemicznych w wodzie.
Coliform	A type of Indicator Organism used to determine the presence or absence of pathogenic organisms in water.	Forma Bakterii Coli	Rodzaj wskaźnika organizmu wykorzystywany do określenia zawartości organizmów chorobotwórczych w wodzie.
Concentration	The mass per unit of volume of one chemical, mineral, or compound in another.	Koncentracja	Masa na jednostkę objętości jednego związku chemicznego, mineralnego, lub substancji w innym.
Conjugate Acid	A species formed by the reception of a proton by a base; in essence, a base with a hydrogen ion added to it.	Kwas Sprzężony	Związki utworzone w wyniku pobrania protonu przez zasadę; w istocie, jon wodoru przyłączony do zasady.

English	English	Polski	Polski
Conjugate Base	A species formed by the removal of a proton from an acid; in essence, an acid minus a hydrogen ion.	Sprzężona Zasada	Związki utworzone przez odłączenie protonu od kwasu; w istocie, kwas minus jon wodorowy.
Contaminant	A noun meaning a substance mixed with or incorporated into an otherwise pure substance; the term usually implies a negative impact from the contaminant on the quality or characteristics of the pure substance.	Zanieczyszczenie	Rzeczownik oznacza substancję zmieszaną lub dodaną do czystej substancji; termin ten oznacza zwykle negatywny wpływ zanieczyszczeń na jakość lub właściwości czystej substancji.
Contaminant Level	A misnomer incorrectly used to indicate the concentration of a contaminant.	Poziom Zanieczyszczeń	Błędna nazwa niewłaściwie stosowana do określenia stężenia zanieczyszczeń.
Contaminate	A verb meaning to add a chemical or compound to an otherwise pure substance.	Zanieczyszczać	Dodawanie chemikalii do substancji, która pierwotnie była czysta.
Continuity Equation	A mathematical expression of the Conservation of Mass theory; used in physics, hydraulics, etc., to calculate changes in state that conserve the overall mass of the system being studied.	Równanie Ciągłości	Matematyczne wyrażenie które reprezentuje Teoria Zachowania Masy; używane w fizyce, hydraulice, itp., do kalkulowania zmian stanu które chronią masę studiowanego systemu.
Coordinate Bond	A covalent chemical bond between two atoms that is produced when one atom shares a pair of electrons with another atom lacking such a pair. Also called a coordinate covalent bond.	Chemiczne Wiązanie Atomów	Kowalencyjne wiązanie pomiędzy dwoma atomami; istnienie pary elektronów, którymi dzielą się w porównywalnym stopniu oba atomy tworzące to wiązanie.

English	English	Polski	Polski
Cost-Effective	Producing good results for the amount of money spent; economical or efficient.	Produkcja Opłacalna	Osiągnięcie dobrych wyników przy danym poziomie wydanej kwoty pieniężnej; ekonomiczny lub wydajny.
Critical Flow	Critical flow is the special case where the froude number (dimensionless) is equal to 1; or the velocity divided by the square root of (gravitational constant multiplied by the depth) = 1 (Compare to Supercritical Flow and Subcritical Flow).	Przepływ Krytyczny	W przepływie krytycznym, liczba Froude'a (bezwymiarowa) jest równa 1. To znaczy: prędkość podzielona przez pierwiastek kwadratowy od (stała grawitacyjna pomnożona przez głębokość) = 1 (Porównaj z przepływem rwącym i spokojnym).
Cumulonimbus Cloud	A dense, towering, vertical cloud associated with thunderstorms and atmospheric instability, formed from water vapor carried by powerful upward air currents.	Chmura Typu Cumulonimbus	Gęsta chmura rozbudowana pionowo na dużej wysokości. Często powiązana z burzami i niestabilnymi warunkami atmosferycznymi, utworzona z pary wodnej, przenoszona przez silny prąd powietrza w górę.
Cwm	A small valley or Cirque on a mountain.	Kotlina	Mała dolina lub kotlina w górach.
Dark Fermentation	The process of converting an organic substrate to biohydrogen through fermentation in the absence of light.	Ciemna Fermentacja	Proces zamiany organicznego podłoża na biowodór przez fermentację bez obecności światła.
Deammonification	A two-step biological ammonia removal process involving two different biomass populations, in which aerobic ammonia oxidizing bacteria (AOB) nitrify ammonia to a nitrite form and then to nitrogen gas.	-	Dwustopniwy proces usuwania amoniaku, obejmujący dwie różne populacje biomasy, w ktorym tlenowa bakteria amonowo utleniona (AOB) nitrifikuje amon do azotanu a nastepnie do gazu azotowego.

English	English	Polski	Polski
Desalination	The removal of salts from a brine to create a potable water.	Odsalanie	Usuwanie soli z wody morskiej, w celu uzyskania słodkiej wody.
Dioxane	A heterocyclic organic compound; a colorless liquid with a faint sweet odor.	Dioksan	Organiczny związek chemiczny; bezbarwna ciecz ze słodkim zapachem.
Dioxin	Dioxins and dioxin-like compounds (DLCs) are by-products of various industrial processes, and are commonly regarded as highly toxic compounds that are environmental pollutants and persistent organic pollutants (POPs).	Dioksyn	Dioksyny powstają w śladowych ilościach podczas różnych procesów przemysłowych, są one powszechnie uwazane za wysoko toksyczne zwiazki, szkodliwe dla środowiska.
Diurnal	Recurring every day, such as diurnal tasks, or having a daily cycle, such as diurnal tides.	Dzienny	Powtarzające się codziennie.
Drumlin	A geologic formation resulting from glacial activity in which a well-mixed gravel formation of multiple grain sizes that forms an elongated or ovular, teardrop shaped, hill as the glacier melts; the blunt end of the hill points in the direction the glacier originally moved over the landscape.	Drumlin	Forma geologiczna ukształtowania powierzchni ziemi pochodzenia glacjalnego, w którym formacja kamienna tworzy owalny kształt, formuje wzgórze kiedy lodowiec topnieje. Tępy wierzchołek wzgórza wskazuje kierunek w którym lodowiec przesuwał się.
Ebb and Flow	To decrease then increase in a cyclic pattern, such as tides.	Odpływ i Przypływ	Zmniejszyć i wtedy zwiększyć - cykliczne powtarzanie, jak w przypadku pływów.

English	English	Polski	Polski
Ecology	The scientific analysis and study of interactions among organisms and their environment.	Ekologia	Nauka o oddziaływaniu miedzy organizmami a ich środowiskiem.
Economics	The branch of knowledge concerned with the production, consumption, and transfer of wealth.	Ekonomia	Nauka społeczna analizująca oraz opisująca produkcję, dystrybucję oraz konsumpcję dóbr i podział dochodu.
Efficiency Curve	Data plotted on a graph or chart to indicate a third dimension on a two-dimensional graph. The lines indicate the efficiency with which a mechanical system will operate as a function of two dependent parameters plotted on the x and y axes of the graph. Commonly used to indicate the efficiency of pumps or motors under various operating conditions.	Krzywa Efektywnosci	Dane na wykresie lub tabeli, wskazujące na trzeci wymiar na dwuwymiarowym wykresie. Linie wskazują skuteczność działania systemu mechanicznego jako funkcji dwóch parametrów zależnych na osi X i Y. To jest powszechnie stosowane w celu wskazania wydajności pomp lub silników w różnych warunkach operacyjnych.
Effusion	The emission or giving off of something such as a liquid, light, or smell, usually associated with a leak or a small discharge relative to a large volume.	Efuzja	Emisja cieczy, światła lub zapachu zazwyczaj związana z wyciekiem lub małym wydzielaniem w stosunku do dużej objętości.
El Niña	The cool phase of El Niño Southern Oscillation associated with sea surface temperatures in the eastern Pacific below average and air pressures high in the eastern and low in western Pacific.	El Niña	Chłodniejsza faza Oscylacji Południowej El Nina związana z temperaturą powierzchni morza w wschodniej części Pacyfiku poniżej średniej i wysokiego ciśnienia powietrza we wschodniej czesci i niskiego w zachodniej czesci Pacyfiku.

English	English	Polski	Polski
El Niño	The warm phase of the El Niño Southern Oscillation, associated with a band of warm ocean water that develops in the central and east-central equatorial Pacific, including off the Pacific coast of South America. El Niño is accompanied by high air pressure in the western Pacific and low air pressure in the eastern Pacific.	El Niño	Cieplejsza faza Oscylacji Południowej, związana z pasmem ciepłej oceanicznej wody wystepujacym w środkowej czesci Pacyfiku, włącznie z wybrzeżem Pacyfiku w Ameryce Południowe. El Niño towarzyszy wysokie cisnienie powietrza w zachodniej czesci Pacyfiku i niskie w czesci wschodniej
El Niño Southern Oscillation	The El Niño Southern Oscillation refers to the cycle of warm and cold temperatures, as measured by sea surface temperature, of the tropical central and eastern Pacific Ocean.	El Niño Południowa Oscylacja	Dotyczy cyklu ciepłych i zimnych temperatur, mierzonych na powierzchni oceanu w tropikalnej strefie centralnej i wschodniej czesci Pacyfiku.
Endothermic Reactions	A process or reaction in which a system absorbs energy from its surroundings; usually, but not always, in the form of heat.	Reakcja Endotermiczna	Proces lub reakcja chemiczna, w czasie której system pochłania energie z otoczenia; zazwyczaj, ale nie zawsze w formie ciepła.
ENSO	El Niño Southern Oscillation	ENSO	Oscylacja Południowa El Nino
Enthalpy	A measure of the energy in a thermodynamic system.	Entalpia	Pomiar energii w układzie termodynamicznym.
Entomology	The branch of zoology that deals with the study of insects.	Entomologia	Dział zoologii zajmujący się z badaniem owadow.
Entropy	A thermodynamic quantity representing the unavailability of the thermal energy in	Entropia	Termodynamiczna ilość reprezentująca niedostępność energii cieplnej w układzie

English	English	Polski	Polski
	a system for conversion into mechanical work, often interpreted as the degree of disorder or randomness in the system. According to the second law of thermodynamics, the entropy of an isolated system never decreases.		przeliczana na pracę mechaniczną. Zgodnie z drugim prawem termodynamiki, entropia w izolowanym systemie nigdy nie maleje.
Eon	A very long time period, typically measured in millions of years.	Eon	Bardzo dlugi okres czasu, zazwyczaj mierzony w milionach lat.
Epiphyte	A plant that grows above the ground, supported nonparasitically by another plant or object and deriving its nutrients and water from rain, air, and dust; an "Air Plant."	Epifit	Roślina rosnąca na powierzchni ziemi na innej roślinie, ale nie prowadząca pasożytniczego trybu życia. Pobiera składniki odżywcze i wodę z deszczu, powietrza, i kurzu.
Esker	A long, narrow ridge of sand and gravel, sometimes with boulders, formed by a stream of water melting from beneath or within a stagnant, melting, glacier.	Oz	Długi, wąski wał złożony z piasków, żwirów i czasami głazów osadzonych przez wody rozpuszczające się pod lodowcem.
Ester	A type of organic compound, typically quite fragrant, formed from the reaction of an acid and an alcohol.	Estry	Grupa organicznych związków chemicznych, będących produktami kondensacji kwasów i alkoholi.
Estuary	A water passage where a tidal flow meets a river flow.	Ujście	Miejsce w ktróym ciek kończy swój bieg, łącząc się z inną rzeką.

English	English	Polski	Polski
Eutrophication	An ecosystem response to the addition of artificial or natural nutrients, mainly nitrates and phosphates to an aquatic system, such as the "bloom" or great increase of phytoplankton in a water body as a response to increased levels of nutrients. The term usually implies an aging of the ecosystem and the transition from open water in a pond or lake to a wetland, then to a marshy swamp, then to a fens, and ultimately to upland areas of forested land.	Eutrofizacja	Reakcja ekosystemu na wzbogacenie środowiska wodnego w dodatkowe, sztuczne lub naturale składniki odżywcze, głównie azotany i fosforany. Jak np. duży wzrost fitoplanktonu w akwenie wodnym w wyniku zwiększenia poziomu substancji odżywczych. Termin ten zwykle sugeruje starzenie się ekosystemu i przeobrażanie otwartych wód w stawie lub jeziorze w mokradła, następnie w bagna i torfowiska i ostatecznie w zalesione tereny.
Exosphere	A thin, atmosphere-like volume surrounding Earth where molecules are gravitationally bound to the planet, but where the density is too low for them to behave as a gas by colliding with each other.	Egzosfera	Cienka, zewnętrzna warswa atmosfery ziemskiej, gdzie cząsteczki są związane grawitacyjnie z planetą ale gęstość jest zbyt niska dla nich aby zachowywać się jak gas poprzez zderzanie się ze sobą.
Exothermic Reactions	Chemical reactions that release energy by light or heat.	Reakcja Egzotermiczna	Reakcja chemiczna która emituje światło lub ciepło.
Facultative Organism	An organism that can propagate under either aerobic or anaerobic conditions; usually one or the other conditions is favored: as Facultative Aerobe or Facultative Anaerobe.	Fakultatywany Organizm	Organizm który rośnie zarówno w warunkach tlenowych i beztlenowych; zazwyczaj jeden z warunków jest faworyzowany: Tlenowiec Fakultatywny lub Beztlenowiec Fakultatywny.

English	English	Polski	Polski
Fen	A low-lying land area that is wholly or partly covered with water and usually exhibits peaty alkaline soils. A fen is located on a slope, flat, or depression and gets its water from both rainfall and surface water.	Torfowisko Niskie	Obszar nizinny, który jest w całości lub częściowo pokryty wodą. Jest położony na skarpie, płaszczynie, lub depresji i dostaje swoją wodę z opadów atmos-ferycznych i wód powierzchniowych. W bagnach w wyniku procesów utleniania związków organicznych tworzy się torf.
Fermentation	A biological process that decomposes a substance by bacte-ria, yeasts, or other microorganisms, often accompanied by heat and off-gassing.	Fermentacja	Biologiczny proces rozkładu substancji za pomocą bakterii, drożdży lub innych mikroorganizmów, często przy użyciu ciepła i usuwania gazów.
Fermentation Pits	A small, cone shaped pit sometimes placed in the bottom of wastewater treatment ponds to capture the settling solids for anaerobic digestion in a more confined, and therefore more efficient way.	Fermentacy-jne Zbiorniki	Mały zbiornik w kształcie lejka, umieszczony na dnie stawu oczyszczania ścieków służący do przechwycania osadzających się ciał stałych, poddanych beztlenowej fer-mentacji w sposób bardziej wydajny.
Flaring	The burning of flam-mable gasses released from manufacturing facilities and landfills to prevent pollution of the atmosphere from the released gases.	Spalanie	Wypalanie gazów palnych pochodzących z zakładów pro-dukcyjnych i wysypisk śmieci w celu zapobiegania zanieczyszczeniu atmosfery z uwalnianych gazów.

English	English	Polski	Polski
Flocculation	The aggregation of fine suspended particles in water or wastewater into particles large enough to settle out during a sedimentation process.	Flokulacja	Łączenie drobnych cząstek zawieszonych w wodzie lub ściekach w wystarczająco duże, by usunąć je w trakcie procesu sedymentacji.
Fluvioglacial Landforms	Landforms molded by glacial meltwater, such as drumlins and eskers.	Rzeźba Glacifluwialna	Formy terenu ukształtowane przez wody polodowcowe, np. drumliny i ozy.
FOG (Wastewater Treatment)	Fats, oil, and grease	FOG (Oczyszczalnia Ścieków)	Tłuszcze, oleje, i smary
Fossorial	Relating to an animal that is adapted to digging and life underground such as the badger, the naked mole-rat, the mole salamanders, and similar creatures.	Nora	Podziemna kryjówka dla zwierząt przystosowanych do kopania i podziemnego życia, na przykład: borsuk, golec, salamandra, itp.
Fracking	Hydraulic fracturing is a well-stimulation technique in which rock is fractured by a pressurized liquid.	Szczelinowanie Hydrauliczne	Metoda stymulacji odwiertu, podczas której skała ulega kruszeniu pod wpływem ciśnienia substancji plynnej.
Froude Number	A dimensionless number defined as the ratio of a characteristic velocity to a gravitational wave velocity. It may also be defined as the ratio of the inertia of a body to gravitational forces. In fluid mechanics, the Froude number is used to determine the resistance of a partially submerged object moving through a fluid.	Liczba Froude'a	Wielkość bezwymiarowa zdefiniowana jako stosunek charakterystycznej prędkości do prędkości fal grawitacyjnych. Może też być określona jako stosunek bezwładności ciała do sił grawitacyjnych. W mechanice płynów liczba Froude'a jest używana do określenia oporności częściowo zanurzonego, przesuwającego się obiektu.

English	English	Polski	Polski
GC	Gas Chromatograph - an instrument used to measure volatile and semi-volatile organic compounds in gases.	GC	Chromatograf Gasowy- urządzenie do mierzenia lotnych i pół-lotnych związków organicznych w gazach.
GC-MS	A GC coupled with an MS.	GC-MS	Chromatograf Gasowy połączony z Spectrofotmetrem.
Geology	An earth science comprising the study of solid Earth, the rocks of which it is composed, and the processes by which they change.	Geologia	Jedna z nauk o Ziemi, zajmuje się budową, własnościami i historią Ziemi oraz procesami zachodzącymi w jej wnętrzu i na jej powierzchni, dzięki którym ulega ona przeobrażeniom.
Germ	In biology, a microorganism, especially one that causes disease. In agriculture the term relates to the seed of specific plants.	Zalążek	W biologii, organizm szczególnie ten, który powoduje chorobę. W rolnictwu termin ten odnosi się do nasion określonych roślin.
Gerotor	A positive displacement pump.	Pompa Gerotorowa	Pompa wyporowa.
Glacial Outwash	Material carried away from a glacier by meltwater and deposited beyond the moraine.	Osady Polodowcowe	Materiały wypłukane z lodowca przez topiącą się wodę i pozostawione poza moreną.
Glacier	A slowly moving mass or river of ice formed by the accumulation and compaction of snow on mountains or near the poles.	Lodowiec	Wolno płynąca masa lodu powstałego z nagromadzonego i ubitego śniegu na obszarze gór i w pobliżu biegunów.
Gneiss	Gneiss ("nice") is a metamorphic rock with large mineral grains arranged in wide bands. It means a type of rock texture, not a particular mineral composition.	Gnejs	Skała metamorficzna o dużych ziarnach mineralnych ułożonych w szerokie pasma. Oznacza to raczej strukturę skały niż konkretny skład mineralny.

English	English	Polski	Polski
GPR	Ground Penetrating Radar	GPR	Georadar
GPS	The Global Positioning System; a space-based navigation system that provides location and time information in all weather conditions, anywhere on or near the Earth where there is a simultaneous unobstructed line of sight to four or more GPS satellites.	GPS	System nawigacji satelitarnej obejmujący swoim zasięgiem całą kulę ziemską. Działanie polega na pomiarze czasu dotarcia sygnału radiowego z satelitów do odbiornika.
Greenhouse Gas	A gas in an atmosphere that absorbs and emits radiation within the thermal infrared range; usually associated with destruction of the ozone layer in the upper atmosphere of the earth and the trapping of heat energy in the atmosphere leading to global warming.	Gaz Cieplarniany	Gazowy składnik atmosfery będący jedną z przyczyn efektu cieplarnianego. Gazy cieplarniane zapobiegają wydostawaniu się promieniowania podczerwonego z planety, pochłaniając je i oddając do atmosfery, w wyniku czego następuje zwiększenie temperatury jej powierzchni.
Grey Water	Greywater is gently used water from bathroom sinks, showers, tubs, and washing machines. It is water that has not come into contact with feces, either from the toilet or from washing diapers.	Szara Woda	Woda wolna od fekaliów, wytwarzana w czasie domowych procesów takich jak mycie naczyń, kąpiel czy pranie.
Groundwater	Groundwater is the water present beneath the Earth surface in soil pore spaces and in the fractures of rock formations.	Woda Gruntowa	Woda znajdująca sie pod powierzchnią ziemi, w porach i szczelinach skały i gleby.

English	English	Polski	Polski
Groundwater Table	The depth at which soil pore spaces or fractures and voids in rock become completely saturated with water.	Poziom Wód Gruntowych	Głębokość, na której pory gleby lub szczeliny w skale są całkowicie nasycone wodą.
HAWT	Horizontal Axis Wind Turbine	HAWT	Turbina Wiatrowa o poziomej osi obrotu
Hazardous Waste	Hazardous waste is waste that poses substantial or potential threats to public health or the environment.	Odpady Niebezpieczne	Odpady które stanowią zagrożenia dla zdrowie publicznego albo dla środowiska.
Hazen-Williams Coefficient	An empirical relationship which relates the flow of water in a pipe with the physical properties of the pipe and the pressure drop caused by friction.	Współczynnik Hazen-Williams	Empiryczna zależność przepływu wody w rurze od jej budowy i spadku ciśnienia spowodowanego tarciem.
Head (Hydraulic)	The force exerted by a column of liquid expressed by the height of the liquid above the point at which the pressure is measured.	Głowica Hydrauliczna	Siła wywierana przez kolumnę płynu, wyrażona przez wysokość płynu powyżej punktu pomiaru ciśnienia.
Heat Island	See: Urban Heat Island	Wyspa Ciepła	Zobacz: Miejska Wyspa Ciepła
Heterocyclic Organic Compound	A heterocyclic compound is a material with a circular atomic structure that has atoms of at least two different elements in its rings.	Związek Heterocykliczny	Materiał o strukturze atomowej cyklicznej, której atomy mają co najmniej dwa różne elementy w swych pierścieniach.
Heterocyclic Ring	A ring of atoms of more than one kind; most commonly, a ring of carbon atoms containing at least one non-carbon atom.	Pierścień Heterocykliczny	Pierścień atomów z więcej niż jednym rodzajem atomów. Najczęściej, pierścień ma atomy węgle, i co najmniej jeden inny atom.

English	English	Polski	Polski
Heterotrophic Organism	Organisms that utilize organic compounds for nourishment.	Organizm Heterotroficzny	Organizmy które wykorzystają związki organiczne dla pożywienia.
Holometabolous Insects	Insects that undergo a complete metamorphosis, going through four life stages: embryo, larva, pupa and imago.	Owady Metamorficzne	Owady które podlegają kompletnej metamorfozie, przechodząc przez cztery etapy życia: zarodków, larwy, poczwarki i imago.
Horizontal Axis Wind Turbine	Horizontal axis means the rotating axis of the wind turbine is horizontal, or parallel with the ground. This is the most common type of wind turbine used in wind farms.	Turbina Wiatrowa (o poziomej osi obrotu)	Pozioma oś oznacza, że oś obrotu turbiny wiatrowej jest poziomo, lub równolegle do ziemi.
Hydraulic Conductivity	Hydraulic conductivity is a property of soils and rocks, which describes the ease with which a fluid (usually water) can move through pore spaces or fractures. It depends on the intrinsic permeability of the material, the degree of saturation, and on the density and viscosity of the fluid.	Przewodność Hydrauliczna	Właściwość gruntów i skał, która opisuje jak łatwo woda może przemieszczać się przez pory i pęknięcia. Zależy od wewnętrznej przepuszczalności materiału, stopnia nasycenia i od gęstości i lepkości wody.
Hydraulic Fracturing	See: Fracking	Szczelinowanie Hydrauliczne	Zobacz: Szczelinowanie Hydrauliczne
Hydraulic Loading	The volume of liquid that is discharged to the surface of a filter, soil, or other material per unit of area per unit of time, such as gallons/square foot/minute.	Obciążenie Hydrauliczne	Objętość płynu, który jest skierowany na powierzchnię filtra, gleby lub innego materiału na jednostkę powierzchni w jednostce czasu, jak np galony na stopę kwadratową na minutę.

English	English	Polski	Polski
Hydraulics	Hydraulics is a topic in applied science and engineering dealing with the mechanical properties of liquids or fluids.	Hydraulika	Nauka o mechanicznych zastosowaniach cieczy w szczególności o wykorzystywaniu jej ruchu lub przepływu.
Hydric Soil	Hydric soil is soil which is permanently or seasonally saturated by water, resulting in anaerobic conditions. It is used to indicate the boundary of wetlands.	Mokra Gleba	Gleby które są na stałe lub sezonowo nasączone wodą, powodując warunki beztlenowe. Są używane do wskazania granicy obszarów podmokłych.
Hydroelectric	An adjective describing a system or device powered by hydroelectric power.	Hydroelektryczne	Przymiotnik, który opisuje system lub urządzenie zasilane hydroelektryczną siłą.
Hydroelectricity	Hydroelectricity is electricity generated through the use of the gravitational force of falling or flowing water.	Hydroelektryczność	Prąd który jest generowany przy użyciu spadającej lub przepływającej wody.
Hydrofracturing	See: Fracking	Szczelinowanie Hydrauliczne	Zobacz: Szczelinowanie Hydrauliczne
Hydrologic Cycle	The hydrological cycle describes the continuous movement of water on, above, and below the surface of the Earth.	Cykl Hydrologiczny	Naturalny obieg wody na, powyżej i poniżej powierzchni ziemi.
Hydrologist	A practitioner of hydrology.	Hydrolog	Praktykujący hydrologię.
Hydrology	Hydrology is the scientific study of the movement, distribution, and quality of water.	Hydrologia	Badanie naukowe przepływu, dystrybucji, i jakości wody.
Hypertrophication	See: Eutrophication	Eutrofizacja	Zobacz: Eutrofizacja

English	English	Polski	Polski
Imago	The final and fully developed adult stage of an insect, typically winged.	Imago (Owad Dorosły)	Ostateczne stadium w rozwoju osobniczym owadów przechodzących proces przeobrażenia.
Indicator Organism	An easily measured organism that is usually present when other pathogenic organisms are present and absent when the pathogenic organisms are absent.	Organizmy Wskaźnikowe	Łatwo rozpoznawalny organizm, który jest zazwyczaj obecny gdy inne chorobotwórcze organizmy są obecne, a nieobecny gdy nie występują organizmy chorobotwórcze.
Inertial Force	A force as perceived by an observer in an accelerating or rotating frame of reference, that serves to confirm the validity of Newton's laws of motion, e.g., the perception of being forced backward in an accelerating vehicle.	Siła Inercyjna	Siła odczuwalna przez obserwatora w przyspieszającym lub obracającym się obiekcie odniesienia, która potwierdza prawo Newtona o ruch, np. uczucie popychania do tyłu w przyspieszającym pociągu.
Infect versus Infest	To "Infect" means to contaminate with disease-producing organisms, such as germs or viruses. To "Infest" means for something unwanted to be present in large numbers, such as mice infesting a house or rats infesting a neighborhood.	Zarazić versus Atakowa	Slowo "zarazić " oznacza wywolać chorobę przez organizmy takie jak zarazki lub wirusy. Slowo atakować odnosi się do czegoś niepożądanego, występującego w danej chwili w dużej ilości.
Internal Rate of Return	A method of calculating rate of return that does not incorporate external factors; the interest rate resulting from a transaction is	Wewnętrzna Stopa Zwrotu (IRR)	Metoda obliczania efektywności inwestycji, która nie uwzględnia czynników zewnętrznych. Stopa procentowa

English	English	Polski	Polski
	calculated from the terms of the transaction, rather than the results of the transaction being calculated from a specified interest rate.		wynikająca z tran sakcji jest wyliczona raczej na podstawie warunków transakcji niż warunki transakcji rozliczane na podstawie określonej stopy procentowej.
Interstitial Water	Water trapped in the pore spaces between soil or biosolid particles.	Śród- miąższowa Woda	Woda uwięziona w przestrzeniach porów między cząstkami gleby.
Invertebrates	Animals that neither possess nor develop a vertebral column, including insects; crabs, lobsters and their kin; snails, clams, octopuses and their kin; starfish, sea-urchins and their kin; and worms, among others.	Bezkręgowce	Zwierzęta które nie posiadają ani nie rozwijają kręgosłupa. Na przykład: owady, kraby, homary, ślimaki, małże, ośmiornice, rozgwiazdy, jeżowce, i robaki.
Ion	An atom or a molecule in which the total number of electrons is not equal to the total number of protons, giving the atom or molecule a net positive or negative electrical charge.	Jon	Atom lub cząsteczka, która ma niedomiar lub nadmiar elektronów w stosunku do protonów. Jony są elektrycznie naładowane dodatnio lub ujemnie.
Jet Stream	Fast flowing, narrow air currents found in the upper atmosphere or troposphere. The main jet streams in the United States are located near the altitude of the tropopause and flow generally west to east.	Prąd Strumieniowy	Intensywny, wąski strumień powietrza w górnej atmosferze albo troposferze. Główne prądy strumieniowe w US występują w pobliżu tropopauzy i płyną z zachodu na wschód.

English	English	Polski	Polski
Kettle Hole	A shallow, sediment-filled body of water formed by retreating glaciers or draining floodwaters. Kettles are fluvioglacial landforms occurring as the result of blocks of ice calving from the front of a receding glacier and becoming partially to wholly buried by glacial outwash.	Kocioł Polodowcowy	Płytki, wypełniony osadem zbiornik wody powstały na skutek ustąpienia lodowca albo odpływu wód powodziowych. Kotły są to polodowcowe formy ukształtowania terenu występujące w rezultacie odrywania się bloków lodu od przodu cofającego się lodowca i zostają częściowo albo całkowicie zasypane przez wody polodowcowe.
Laminar Flow	In fluid dynamics, laminar flow occurs when a fluid flows in parallel layers, with no disruption between the layers. At low velocities, the fluid tends to flow without lateral mixing. There are no cross-currents perpendicular to the direction of flow, nor eddies or swirls of fluids.	Przepływ Laminarny	Przepływ uwarstwiony, w którym płyn przepływa w równoległych warstwach, bez zakłóceń między warstwami. Przepływ taki zachodzi przy odpowiednio małej prędkości przepływu.
Lens Trap	A defined space within a layer of rock in which a fluid, typically oil, can accumulate.	Pułapka Obiektywu	Określona przestrzeń w warstwie skały, w której może się gromadzić płyn (zazwyczaj olej).
Lidar	Lidar (also written LIDAR, LiDAR or LADAR) is a remote sensing technology that measures distance by illuminating a target with a laser and analyzing the reflected light.	Lidar	Urządzenie działające na podobnej zasadzie jak radar, ale wykorzystujące światło zamiast mikrofal. Mierzy odległość, oświetlając sobie cel za pomocą lasera i analizuje odbite światło.

English	English	Polski	Polski
Life-Cycle Costs	A method for assessing the total cost of facility or artifact ownership. It takes into account all costs of acquiring, owning, and disposing of a building, building system, or other artifact. This method is especially useful when project alternatives that fulfill the same performance requirements, but have different initial and operating costs, are to be compared to maximize net savings.	Koszty Cyklu Produkcyjnego	Metoda kalkulowania całkowitych kosztów posiadania budynku, przedsiębiorstwa lub urządzenia. Bierze pod uwagę wszystkie koszty nabycia, posiadania i pozbycia się budynku, przedsiębiorstwa lub urzadzenia. Metoda ta jest szczególnie pożyteczna gdy alternatywne projekty o tych samych wymogach ale innych początkowych i operacyjnych kosztach są porównywane w celu maksymalnej oszczędności.
Ligand	In chemistry, an ion or molecule attached to a metal atom by coordinate bonding. In biochemistry, a molecule that binds to another (usually larger) molecule.	Ligand	W chemii, jon lub cząsteczka przyłączona do atomu metalu poprzez wiązanie koordynacyjne. W biochemii, cząsteczka która wiąże się z inną (zazwyczaj większą) cząsteczką.
Macrophyte	A plant, especially an aquatic plant, large enough to be seen by the naked eye.	Makrofity	Roślina, zwłaszcza wodna, wystarczająco duża aby być widoczna gołym okiem.
Marine Macrophyte	Marine macrophytes comprise thousands of species of macrophytes, mostly macroalgae, seagrasses, and mangroves, that grow in shallow water areas in coastal zones.	Makrofity Morskie	Obejmują tysiące gatunków makrofitów, przeważnie makroglony, trawy morskie i namorzyny, które rosną na płytkich wodach w strefach przybrzeżnych.

English	English	Polski	Polski
Marsh	A wetland dominated by herbaceous, rather than woody, plant species; often found at the edges of lakes and streams, where they form a transition between the aquatic and terrestrial ecosystems. They are often dominated by grasses, rushes, or reeds. Woody plants present tend to be low-growing shrubs. This vegetation is what differentiates marshes from other types of wetland such as swamps and mires.	Mokradło	Tereny podmokłe zdominowane bardziej przez trawiaste niż drzewiaste gatunki roślin; często występują na brzegach jezior i strumieni, gdzie tworzą strefę przejściową między ekosystemem wodnym i lądowym. Często są pokryte trawami, sitowiem i trzcinami. Rośliny drzewiaste występują raczej w formie nisko rosnących krzewów. Roślinność ta jest tym co różni mokradła od innych podmokłych terenów jak np bagna i torfowiska.
Mass Spectroscopy	A form of analysis of a compound in which light beams are passed through a prepared liquid sample to indicate the concentration of specific contaminants present.	Spektrometria Mas	Forma analizy substancji w czasie której wiązka światła przechodzi przez próbkę płynu dla wskazania koncentracji obecnych w niej zanieczyszczeń.
Maturation Pond	A low-cost polishing pond, which generally follows either a primary or a secondary facultative wastewater treatment pond. Primarily designed for tertiary treatment (i.e., the removal of pathogens, nutrients	Staw Dojrzewania	Oszczędnościowe stawy oczyszczające, które głównie następują za pierwotnymi lub wtórnymi stawami dyskretnej oczyszczalni ścieków. Głównie przeznaczone jako trzeci stopień oczyszczania (m.in. usuwanie patogenów,

English	English	Polski	Polski
	and possibly algae) they are very shallow (usually 0.9 – 1 m depth).		składników odżywczych i algi) są one przeważnie bardzo płytkie (zazwyczaj 0.9-1m głębokości).
MBR	See: Membrane Reactor	Reaktor Membranowy	Zobacz: Reaktor Membranowy
Membrane Bioreactor	The combination of a membrane process like microfiltration or ultrafiltration with a suspended growth bioreactor.	Bioreaktor Membranowy	Kombinacja procesu membranowego takiegu jak mikrofiltracja lub ultrafiltracja z bioreaktorem zatrzymania rozrostu.
Membrane Reactor	A physical device that combines a chemical conversion process with a membrane separation process to add reactants or remove products of the reaction.	Reaktor Membranowy	Urządzenie fizyczne, które łączy proces konwersji chemicznej z procesem membranowej separacji w celu dodania reagenta lub usunięcia produktu reakcji.
Mesopause	The boundary between the mesosphere and the thermosphere.	Mezopauza	Cienka izotermiczna warstwa atmosfery, pomiędzy mezosferą i termosferą.
Mesosphere	The third major layer of Earth atmosphere that is directly above the stratopause and directly below the mesopause. The upper boundary of the mesosphere is the mesopause, which can be the coldest naturally occurring place on Earth with temperatures as low as $-100\ °C$ ($-146\ °F$ or 173 K).	Mezosfera	Warstwa atmosfery ziemskiej znajdująca się między stratosferą a mezopauzą. Jej górną granicą jest mezopauza, jedno z najzimniejszych miejsc na Ziemi. Temperatury są tak niskie jak $-100\ °C$ ($-146\ °F$ or 173 K).

English	English	Polski	Polski
Metamorphic Rock	Metamorphic rock is rock which has been subjected to temperatures greater than 150 to 200 °C and pressure greater than 1500 bars, causing profound physical and/or chemical change. The original rock may be sedimentary, igneous rock, or another, older, metamorphic rock.	Skała Metamorficzna	Jeden z typów skał budujących skorupę ziemską, powstały ze skał magmowych bądź osadowych na skutek przeobrażenia (metamorfizmu) pod wpływem wysokich temperatur (150 °C–200 °C), i nacisku większego niż 1500 barów Oryginalna skała może być osadowa, magmowa lub inna starsza skała metamorficzna.
Metamorphosis	A biological process by which an animal physically develops after birth or hatching, involving a conspicuous and relatively abrupt change in body structure through cell growth and differentiation.	Przeobrażenie (Metamorfoza)	Proces biologiczny w którym zwierzę fizycznie się rozwija. Następuje nagła zmiana struktury ciała przez rozwój i różnicowanie się komórek.
Microbe	Microscopic single-cell organisms.	Mikrob	Mikroskopijnej wielkości jednokomórkowy organizm.
Microbial	Involving, caused by, or being microbes.	Mikrobiologiczny	Związany z udziałem lub obecnością mikrobów.
Microorganism	A microscopic living organism, which may be single celled or multicellular.	Mikroorganizm	Organizm widoczny pod mikroskopem, jedno lub wielokomórkowy.
Micropollutants	Organic or mineral substances that exhibit toxic, persistent, and bioaccumulative properties	Mikrozanieczyszczenia	Substancje organiczne i związki mineralne, które wykazują właściwości toksyczne, trwałe i bioakumulacyjne, mogące

English	English	Polski	Polski
	that may have a negative effect on the environment and/or organisms.		mieć negatywny wpływ na środowisko i organizmy.
Milliequiv-alent	One thousandth (10^{-3}) of the equivalent weight of an element, radical, or compound.	Milirówn-oważników	Jedna tysięczna równoważnika masy elementu, rodników, lub związków.
Mires	A wetland terrain without forest cover dominated by living, peat-forming plants. There are two types of mire—fens and bogs.	Torfowisko	Typ mokradła, bez zalesienia, zdomi-nowany przez rośliny tworzące torf. Istnieją dwa typy torfowisk-zalewisko i bagnisko.
Molal Concentration	See: Molality	Stężenie Molalne	Zobacz: Molalność
Molality	Molality, also called molal concentra-tion, is a measure of the concentration of a solute in a solution in terms of amount of substance in a specified mass of the solvent.	Molalność	Sposób wyrażania stężenia substancji w mieszaninie, zdefin-iowany jako stosunek liczby moli substancji rozpuszczonej do masy rozpuszczal-nika.
Molar Concentration	See: Molarity	Stężenie Molowe	Zobacz: Molarność
Molarity	Molarity is a measure of the concentra-tion of a solute in a solution, or of any chemical species in terms of the mass of substance in a given volume. A commonly used unit for molar concentration used in chemistry is mol/L. A solution of concentra-tion 1 mol/L is also denoted as 1 molar (1 M).	Molarność	Molarność jest miarą koncen-tracji substancji rozpuszczonej w roztworze lub dowolnym związku chemicznym w określeniu masy substancji w danej objętości. Potocznie używana jednostka natężenia molo-wego w chemii jest mol/L jest także znany jako 1 molowy (1 M).

English	English	Polski	Polski
Mole (Biology)	Small mammals adapted to a subterranean lifestyle. They have cylindrical bodies, velvety fur, very small, inconspicuous ears and eyes, reduced hindlimbs and short, powerful forelimbs with large paws adapted for digging.	Kret (Biologia)	Małe ssaki przystosowane do życia pod ziemią. Posiadają owalną bodowę, aksamitne futro, bardzo małe niepozorne uszy i oczy, zmniejszone tylne kończyny i krótkie mocne przednie kończyny z dużymi łapami przystosowanymi do kopania.
Mole (Chemistry)	The amount of a chemical substance that contains as many atoms, molecules, ions, electrons, or photons, as there are atoms in 12 grams of carbon-12 (^{12}C), the isotope of carbon with a relative atomic mass of 12 by definition. This number is expressed by the Avogadro constant, which has a value of $6.0221412927 \times 10^{23}$ mol^{-1}.	Mole (Chemia)	Ilość substancji chemicznej zawierającej tyle atomów, cząsteczek, jonów, elektronów lub fotonów, ile jest atomów w 12 gramach węgla-12 (^{12}C), izotopu węgla o ralatywnej masie atomowej 12. Ten numer jest wyrażony jako stała Avogadra, która ma wartość $6.0221412927 \times 10^{23}$ moli^{-1}.
Monetization	The conversion of nonmonetary factors to a standardized monetary value for purposes of equitable comparison between alternatives.	Monetyzacja	Przekształcenie czynników innych niż pieniężne do standaryzowanej wartości monetarnej dla celów prawidłowgo porównania kilku wariantów.
Moraine	A mass of rocks and sediment deposited by a glacier, typically as ridges at its edges or extremity.	Morena	Materiał skalny transportowany i osadzony przez lodowiec lub lądolód.

English	English	Polski	Polski
Morphology	The branch of biology that deals with the form and structure of an organism, or the form and structure of the organism thus defined.	Morfologia	Gałąź biologii zajmująca się formą i strukturą organizmu.
Mottling	Soil mottling is a blotchy discoloration in a vertical soil profile; it is an indication of oxidation, usually attributed to contact with groundwater, which can indicate the depth to a seasonal high groundwater table.	Mottling	Przebarwienia gleby w pionowym przekroju, wskazujące na utleniania, zwykle spowodowane kontaktem z wodami gruntowymi. Może to określać poziom wód gruntowych w różnych okresach.
MS	A Mass Spectrophotometer	MS	Spektrofotometr
MtBE	Methyl-tert-Butyl Ether	MTBE	Eter tert-butylowo-metylowy
Multidecadal	A timeline that extends across more than one decade, or 10-year, span.	Wielokrotność Liczby 10	Zasięg czasu który obejmuje więcej niż jedną dekadę lub 10 lat.
Municipal Solid Waste	Commonly known as trash or garbage in the United States and as refuse or rubbish in Britain, is a waste type consisting of everyday items that are discarded by the public. "Garbage" can also refer specifically to food waste.	Miejskie Odpady Stałe	Powszechnie nazywane śmieciami, w USA" trash" albo "garbage" i w Wielkiej Brytani "refuse' lub "rubbish", to rodzaj odpadów składających się z codziennych przedmiotów, które są wyrzucane przez społeczeństwo. "Garbage" może się też odnosić do odpadów żywności.
Nacelle	Aerodynamically shaped housing that holds the turbine and operating equipment in a wind turbine.	Gondola	Aerodynamicznie ukształtowana obudowa turbiny i urządzeń pracujących w turbine wiatrowej.

English	English	Polski	Polski
Nanotube	A nanotube is a cylinder made up of atomic particles and whose diameter is around one to a few billionths of a meter (or nanometers). They can be made from a variety of materials, most commonly, Carbon.	Nanorurka	Struktura stworzona z cząstek atomowych, mająca postać pustego w środku walca, który ma średnicę około jednego do kilku nanometrów. Mogą być one wykonane z różnych materiałów, najczęściej węgla.
NAO (North Atlantic Oscillation)	A weather phenomenon in the North Atlantic Ocean of fluctuations in atmospheric pressure differences at sea level between the Icelandic low and the Azores high that controls the strength and direction of westerly winds and storm tracks across the North Atlantic.	Oscylacja Północnoatlantycka	Zjawisko meteorologiczne występujące w obszarze Północnego Atlantyku, związane z globalną cyrkulacją powietrza i wody oceanicznej; ujawnia się poprzez fluktuację ciśnienia pomiędzy Wyżem Azorskim i Niżem Islandzki. Ma wpływ na klimat na otaczających kontynentach.
Northern Annular Mode	A hemispheric-scale pattern of climate variability in atmospheric flow in the northern hemisphere that is not associated with seasonal cycles.	Północny Tryb Pierścieniowy	Schemat zmienności klimatu dotyczący przepływu atmosferycznego na półkuli północnej, który nie jest związany z sezonowymi cyklami.
OHM	Oil and Hazardous Materials	OHM	Olej i Niebezpieczne Matierały
Ombrotrophic	Refers generally to plants that obtain most of their water from rainfall.	-	Ogólnie odnosi się do roślin które otrzymują wodą z opadow atmosferycznych.
Order of Magnitude	A multiple of ten. For example, 10 is one order of magnitude greater than 1 and 1000 is three orders of magnitude greater	Rzad Wielkosci	Wielokrotność dziesięciu. Na przykład, 10 jest o jeden rząd wielkości większy niz 1, a 1000 jest o 3 rzędy

English	English	Polski	Polski
	than 1. This also applies to other numbers, such that 50 is one order of magnitude higher than 4, for example.		wielkości większe niz 1. Odnosi sie to także do innych liczb, jak np. 50 jest o jeden rząd wielkości wyższy niż 4.
Oscillation	The repetitive variation, typically in time, of some measure about a central or equilibrium, value or between two or more different chemical or physical states.	Oscylacja	Powtarzająca się zmiana, przeważnie w czasie; wartość mierzona od środka lub od równowagi stanu chemicznego lub fizycznego.
Osmosis	The spontaneous net movement of dissolved molecules through a semi-permeable membrane in the direction that tends to equalize the solute concentrations both sides of the membrane.	Osmoza	Spontaniczny ruch cząsteczek przez błonę półprzepuszczalną, który prowadzi do wyrównania stężeń po obu stronach błony.
Osmotic Pressure	The minimum pressure which needs to be applied to a solution to prevent the inward flow of water across a semipermeable membrane. It is also defined as the measure of the tendency of a solution to take in water by osmosis.	Ciśnienie Osmotyczne	Minimalne ciśnienie oddziałujące na roztwór potrzebne na powstrzymanie przepływu wody przez półprzepuszczalną membranę. Jest również zdefiniowane jako miara tendencji roztworu do pobrania wody przez osmozę.
Ozonation	The treatment or combination of a substance or compound with ozone.	Ozonowanie	Oczyszczanie lub mieszanie substancji lub związku z ozonem.

English	English	Polski	Polski
Pascal	The SI derived unit of pressure, internal pressure, stress, Young's modulus and ultimate tensile strength; defined as one newton per square meter.	Paskal	W układzie SI, jednostka ciśnienia. Określany jako jeden niuton na metr kwadratowy.
Pathogen	An organism, usually a bacterium or a virus, which causes, or is capable of causing, disease in humans.	Patogen	Organizm, zazwyczaj wirus lub bakteria, który powoduje choroby wśród ludzi.
PCB	Polychlorinated Biphenyl	PCB	Polichlorowane Bifenyle
Peat (Moss)	A brown, soil-like material characteristic of boggy, acid ground, consisting of partly decomposed vegetable matter; widely cut and dried for use in gardening and as fuel.	Torf (Mech)	Brązowy, bagnisty grunt, składający się z częściowo rozłożonych substancji roślinnych. Używany w ogrodnictwie i jako paliwo.
Peristaltic Pump	A type of positive displacement pump used for pumping a variety of fluids. The fluid is contained within a flexible tube fitted inside a (usually) circular pump casing. A rotor with a number of "rollers," "shoes," "wipers," or "lobes" attached to the external circumference of the rotor compresses the flexible tube sequentially, causing the fluid to flow in one direction.	Pompa Perystaltyczna	Typ pompy wyporowej, używanej z różnymi płynami. Płyn mieści się w środku elastycznej rury wmontowanej wewnątrz obudowy pompy. Wirnik ściska elastyczną rurkę, powodując przepływ płynu w jednym kierunku.

English	English	Polski	Polski
pH	A measure of the hydrogen ion concentration in water; an indication of the acidity of the water.	pH	Miara ilośći jonów wodorowych w wodzie; wskaźnik kwasowośći wody.
Pharmaceuticals	Compounds manufactured for use in medicines; often persistent in the environment. See: Recalcitrant wastes.	Leki	Związki chemiczne produkowane do używania w medycynie; często znajdowane w otoczeniu. Zobacz: Odporne odpady.
Phenocryst	The larger crystals in a porphyritic rock.	Fenokryształy	Duże kryształy w porfirowej skale.
Photofermentation	The process of converting an organic substrate to biohydrogen through fermentation in the presence of light.	Fotofermentacja	Proces zamiany podłoża organicznego na biowodór przez fermentację w obecności światła.
Photosynthesis	A process used by plants and other organisms to convert light energy, normally from the Sun, into chemical energy that can be used by the organism to drive growth and propagation.	Fotosynteza	Proces wykorzystywany przez rośliny (i inne organizmy) do konwersji energii świetlnej (ze słońca) w energię chemiczną. Ta energia jest wykorzystywana przez organizmy do wzrostu i reprodukcji.
pOH	A measure of the hydroxyl ion concentration in water; an indication of the alkalinity of the water.	pOH	Miara ilości jonów hydroksylowych w wodzie; wskaźnik zasadowości wody.
Polarized Light	Light that is reflected or transmitted through certain media so that all vibrations are restricted to a single plane.	Polaryzacja Światła	Światło które jest odbijane lub przekazywane przez niektóre media, tak że wszystkie drgania ograniczone są do jednej płaszczyzny.
Polishing Pond	See: Maturation Pond	-	Zobacz: Staw Dojrzewania

English	English	Polski	Polski
Polydentate	Attached to the central atom in a coordination complex by two or more bonds —See: Ligands and Chelates.	Wielok-leszczowe	Doczepione do centralnego atomu przez co najmniej dwa lub większą ilość wiązań. Zobacz: Ligand i Chelat.
Pore Space	The interstitial spaces between grains of soil in a soil mixture or profile.	Porowatość Gruntu	Przestrzeń pomiędzy ziarnami gleby w mieszaninie gleby lub jej przekroju.
Porphyritic Rock	Any igneous rock with large crystals embedded in a finer groundmass of minerals.	Skały Magmowe	Skała z dużych kryształów osadzonych miedzy drobnymi minerałami.
Porphyry	A textural term for an igneous rock consisting of large-grain crystals such as feldspar or quartz dispersed in a fine-grained matrix.	Porfir	Nazwa stosowana do określania skał magmowych, które składają się z dużych kryształów, jak skaleń lub kwarc.
Protolith	The original, unmetamorphosed rock from which a specific metamorphic rock is formed. For example, the **protolith** of marble is limestone, since marble is a metamorphosed form of limestone.	Protolit	Skała macierzysta z ktorej uformowana zostaje skała metamorficzna. Na przykład protolitem marmuru jest wapień, z kolei marmur jest metamorficzną formą wapnia.
Protolithic	Characteristic of something related to the very beginning of the Stone Age, such as protolithic stone tools, for example.	-	Cecha charakterystyczna dla początku epoki kamienia łupanego, jak na przykład to określenie użyte przy terminie "narzędzie epoki kamienia łupanego."

English	English	Polski	Polski
Pupa	The life stage of some insects undergoing transformation. The pupal stage is found only in holometabolous insects, those that undergo a complete metamorphosis, going through four life stages: embryo, larva, pupa, and imago.	Poczwarka (Stadium Spoczynkowe)	Etap życia niektórych owadów przechodzących transformację. Stadium poczwarki występuje tylko wśród holometabolous owadów.
Pyrolysis	Combustion or rapid oxidation of an organic substance in the absence of free oxygen.	Piroliza	Spalanie lub szybkie utlenianie substancji organicznej, prowadzone bez udziału tlenu.
Quantum Mechanics	A fundamental branch of physics concerned with processes involving atoms and photons.	Mechanika Kwantowa	Podsawowy dział fizyki, związany z procesami dotyczącymi atomów i fotonów.
Radar	A detection system that uses radio waves to determine the range or angle to fixed object, or the velocity of a moving object.	Radar	Urządzenie służące do wykrywania obiektów (za pomocą fal radiowych), ich kierunek, odległość i prędkość.
Rate of Return	A profit on an investment, generally comprised of any change in value, including interest, dividends, or other cash flows, which the investor receives from the investment.	Stopa Zysku	Zysk z inwestycji, ogólnie dotyczący każdej zmiany wartości jak np. odsetki, dywidendy lub inne przepływy pieniężne.
Ratio	A mathematical relationship between two numbers indicating how many times the first number contains the second.	Stosunek (matematyka)	Matematyczny związek między dwoma liczbami, który wskazuje ile razy pierwsza liczba zawiera drugą.

English	English	Polski	Polski
Reactant	A substance that takes part in and undergoes change during a chemical reaction.	Reagent	Substancja która bierze udział i zmienia się w reakcji chemicznej.
Reactivity	Reactivity generally refers to the chemical reactions of a single substance or the chemical reactions of two or more substances that interact with each other.	Reaktywność	W chemii, zdolność związków i pierwiastków chemicznych do wejścia w reakcję chemiczną z innym związkiem lub pierwiastkiem.
Reagent	A substance or mixture for use in chemical analysis or other reactions.	Odczynnik Chemiczny	Substancja lub kompozycja używana do analizy chemicznej lub innych reakcji.
Recalcitrant Wastes	Wastes which persist in the environment or are very slow to naturally degrade and which can be very difficult to degrade in wastewater treatment plants.	Odporne Odpady	Odpady które są trwałe dla otoczenia albo są bardzo wolne w naturalnym rozkładzie i które mogą być bardzo trudne do rozkładu w oczyszczalniach ścieków.
Redox	A contraction of the name for a chemical reduction-oxidation reaction. A reduction reaction always occurs with an oxidation reaction. Redox reactions include all chemical reactions in which atoms have their oxidation state changed; in general, redox reactions involve the transfer of electrons between chemical species.	Reakcja Redoks	Każda reakcja chemiczna, w której dochodzi zarówno do redukcji, jak i utleniania. W tych reakcjach zmienia się stopień utlenienia atomów. Ogólnie, reakcje redoks obejmują transfer elektronów między chemicznymi związkami.

English	English	Polski	Polski
Reynold's Number	A dimensionless number indicating the relative turbulence of flow in a fluid. It is proportional to {(inertial force) / (viscous force)} and is used in momentum, heat, and mass transfer to account for dynamic similarity.	Liczba Reynoldsa	Jedna z liczb podobieństwa stosowanych w mechanice płynów, stanowi podstawowe kryterium stateczności ruchu płynów. Liczba ta pozwala oszacować występujący podczas ruchu płynu stosunek sił bezwładności do sił lepkości i jest używana do określeni pędu, ciepła, i wymiany masy.
Salt (Chemistry)	Any chemical compound formed from the reaction of an acid with a base, with all or part of the hydrogen of the acid replaced by a metal or other cation.	Sole Mineralne	Każdy związek chemiczny, wytworzony w reakcji kwasu z zasadą, z całością lub częścią wodoru kwasu zastąpiony metalem lub innym kationem.
Saprophyte	A plant, fungus, or microorganism that lives on dead or decaying organic matter.	Saprotrof	Roślina, grzyb lub mikroorganizm który pobiera energię z martwych szczątków organicznych.
Sedimentary Rock	A type of rock formed by the deposition of material at the Earth surface and within bodies of water through processes of sedimentation.	Skała Osadowa	Typ skały powstałej przez nagromadzenie materiału na powierzchni ziemi i w obrębie wód przez proces sedymentacji.
Sedimentation	The tendency for particles in suspension to settle out of the fluid in which they are entrained and come to rest against a barrier due to the forces of gravity, centrifugal acceleration, or electromagnetism.	Sedymentacja	Tendacja cząstek w zawiesinie do osadzania się w płynie w wyniku działania siły grawitacji, przyspieszenia odśrodkowego lub elektromagnetyzmu.

English	English	Polski	Polski
Sequestering Agents	See: Chelates.	Środek Maskujący	Zobacz: Chelaty.
Sequestration	The process of trapping a chemical in the atmosphere or environment and isolating it in a natural or artificial storage area, such as with carbon sequestration to remove the carbon from having a negative effect on the environment.	Sekwestracja	Proces uchwycenia chemikalia w atmosferycznym otoczeniu i odizolowania go w naturalnym lub sztucznym miejscu; jak np. pochłanianie dwutlenku węgla eliminuje jego ujemne oddziaływanie na środowisko.
Sewage	A water-borne waste, in solution or suspension, generally including human excrement and other wastewater components.	Ścieki	Wodorozcieńczalne odpady, w postaci roztworu lub zawiesiny, które obejmują ludzkie odchody i inne składniki ścieków.
Sewerage	The physical infrastructure that conveys sewage, such as pipes, manholes, catch basins, etc.	Kanalizacja	Infrastruktura która doprowadza ścieki, jak np. rury, studzienki, zbiorniki, itp.
Sludge	A solid or semi-solid slurry produced as a by-product of wastewater treatment processes or as a settled suspension obtained from conventional drinking water treatment and numerous other industrial processes.	Osad (Muł)	Stała, albo pół-stała zawiesina wytwarzana jako produkt uboczny w procesach oczyszczania ścieków lub zawiesina otrzymana w wyniku procesu oczyszczania wody pitnej i wielu innych procesów przemysłowych.
Southern Annular Flow	A hemispheric-scale pattern of climate variability in atmospheric flow in the southern hemisphere that is not associated with seasonal cycles.	Południowy Pływ Pierścieniowy	Schemat zmienności klimatu dotyczący przepływu atmosferycznego na półkuli południowej nie związany z sezonowymi cyklami.

English	English	Polski	Polski
Specific Gravity	The ratio of the density of a substance to the density of a reference substance; or the ratio of the mass per unit volume of a substance to the mass per unit volume of a reference substance.	Nacisk Właściwy	Stosunek gęstości substancji do gęstości substancji odniesienia; albo stosunek masy na jednostkę objętości substancji do jednostki objętości substancji odniesienia.
Specific Weight	The weight per unit volume of a material or substance.	Ciężar Właściwy	Ciężar na jednostkę objętości materiału lub substancji.
Spectrometer	A laboratory instrument used to measure the concentration of various contaminants in liquids by chemically altering the color of the contaminant in question and then passing a light beam through the sample. The specific test programmed into the instrument reads the intensity and density of the color in the sample as a concentration of that contaminant in the liquid.	Spektroskop	Przyrząd służący do mierzenia stężenia różnych zanieczyszczeń w cieczy poprzez zmianę koloru zanieczyszczeń, a następnie przepuszczenia strumienia światła przez próbkę. Zaprogramowany test odczytuje natężenie i gęstość koloru w próbce co określa koncentrację zanieczyszczeń tego płynu.
Spectrophotometer	A Spectrometer	Spektrofotometr	Spektrometr
Stoichiometry	The calculation of relative quantities of reactants and products in chemical reactions.	Stechiometria	Obliczanie względnych ilości reagentów i produktów w reakcjach chemicznych.
Stratosphere	The second major layer of Earth atmosphere, just above the troposphere, and below the mesosphere.	Stratosfera	Druga główna warstwa atmosfery ziemskiej, znajdująca się nad troposferą, a pod mezosferą.

English	English	Polski	Polski
Subcritical flow	Subcritical flow is the special case where the froude number (dimensionless) is less than 1. i.e. The velocity divided by the square root of (gravitational constant multiplied by the depth) = <1 (Compare to Critical flow and Supercritical flow).	Przepływ Spokojny	W przepływie spokojnym, liczba Froude'a jest mniej niż jeden. To znaczy: Prędkość podzielona przez pierwiastek kwadratowy od (stała grawitacyjna pomnożona przez głębokość) = <1 (Porównaj z przepływem krytycznym i rwącym).
Substance Concentration	See: Molarity	Stężenie Substancji	Zobacz: Molarność
Supercritical flow	Supercritical flow is the special case where the froude number (dimensionless) is greater than 1. i.e. The velocity divided by the square root of (gravitational constant multiplied by the depth) = >1 (Compare to Subcritical flow and Critical flow).	Przepływ Rwący	W przepływie rwącym, liczba Froude'a jest większa niż jeden. To znaczy: Prędkość podzielona przez pierwiastek kwadratowy od (stała grawitacyjna pomnożona przez głębokość) = >1 (Porównaj z przepływem spokojnym, i krytycznym).
Swamp	An area of low-lying land; frequently flooded, and especially one dominated by woody plants.	Bagno	Obszar obniżonego lądu; jest często zalewany, zdominowany przez rośliny drzewiaste.
Synthesis	The combination of disconnected parts or elements so as to form a whole; the creation of a new substance by the combination or decomposition of chemical elements, groups, or	Synteza	Połączenie części rozłączonych w taki sposób, że tworzą jedną całość; stworzenie nowej substancji przez połączenie lub rozkładchemicznych pierwiastków, grup

English	English	Polski	Polski
	compounds; or the combining of different concepts into a coherent whole.		lub związków; albo łączenie różnych koncepcji w spójną całość.
Synthesize	To create something by combining different things together or to create something by combining simpler substances through a chemical process.	Syntetyzować	Stworzyć coś przez łączenie ze sobą różnych rzeczy lub stworzyć coś przez łączenie prostszych substancji w procesie chemicznym.
Tarn	A mountain lake or pool, formed in a cirque excavated by a glacier.	Gorskie Jezioro	Górskie jezioro lub staw, utworzone w kotlina, wydrążone przez lodowiec.
Thermodynamic Process	The passage of a thermodynamic system from an initial to a final state of thermodynamic equilibrium.	Proces Termodynamiczny	Fragment układu termodynamicznego od stanu początkowego do końcowego stanu równowagi termodynamicznej.
Thermodynamics	The branch of physics concerned with heat and temperature and their relation to energy and work.	Termodynamika	Dział fizyki zajmujący się badaniem ciepła i temperatury i ich relacji do energii i pracy.
Thermomechanical Conversion	Relating to or designed for the transformation of heat energy into mechanical work.	Termomechaniczna Konwersja	Stosowana jest do zamiany energii cieplnej na energię mechaniczną.
Thermosphere	The layer of Earth atmosphere directly above the mesosphere and directly below the exosphere. Within this layer, ultraviolet radiation causes photoionization and photodissociation of molecules present. The thermosphere begins about 85 kilometers (53 mi) above the Earth.	Termosfera	Warstwa atmosfery ziemskiej znajdująca się bezpośrednio nad mezosferą i poniżej egzofery, zaczynająca się na wysokości około 85 kilometrów (53 mil) nad powierzchnią Ziemi. Promieniowanie ultrafioletowe powoduje fotojonizację i fotodysocjację cząsteczek w tej warstwie.

English	English	Polski	Polski
Tidal	Influenced by the action of ocean tides rising or falling.	Pływowy	Pod wpływem działania pływów oceanicznych wzrastających lub spadających.
TOC	Total Organic Carbon; a measure of the organic content of contaminants in water.	Całkowity Węgiel Organiczny	Całkowity Węgiel Organiczny; miara zawartości organicznych zanieczyszczeń w wodzie.
Torque	The tendency of a twisting force to rotate an object about an axis, fulcrum, or pivot.	Moment Siły (Moment Obrotowy)	Tendencja siły skręcania do obracania przedmiotu wokół osi, podparcia lub przegubu.
Trickling Filter	A type of wastewater treatment system consisting of a fixed bed of rocks, lava, coke, gravel, slag, polyurethane foam, sphagnum peat moss, ceramic, or plastic media over which sewage or other wastewater is slowly trickled, causing a layer of microbial slime (biofilm) to grow, covering the bed of media, and removing nutrients and harmful bacteria in the process.	Filtr ścieku	Typ oczyszczalni ściekowej, której system skonstruowany jest ze stałego podłoża kamieni, lawy, koksu, żwiru, żużlu, pianki poliuretanowej, mchów torfowych, tworzyw ceramicznych lub plastikowych mediów, przez które wolno są przesączane zanieczyszczenia lub ścieki tworząc warstwę mikrobiologicznego śluzu, pokrywającą podłoże midiów i wytrącającą składniki odżywcze i szkodliwe bakterie w tym procesie.
Tropopause	The boundary in the atmosphere between the troposphere and the stratosphere.	Tropopauza	Granica w atmosferze ziemskiej pomiędzy troposferą i stratosferą.
Troposphere	The lowest portion of atmosphere; containing about 75% of the atmospheric mass	Troposfera	Najniższa warstwa atmosfery ziemskiej; Stanowi 75% jej całkowitej masy,

English	English	Polski	Polski
	and 99% of the water vapor and aerosols. The average depth is about 17 km (10.5 mi) in the middle latitudes, up to 20 km (12.5 mi) in the tropics, and about 7 km (4.4 mi) near the polar regions, in winter.		i trzyma 99% jej pary wodnej i aerozoli. Średnia głębokość wynosi około 17 km (10.5 mil) w środkowych szerokościach geograficznych, 20 km (12.5 mil) w tropikach, i 7 km (4.4 mil) w pobliżu regionów polarnych w zimie.
UHI	Urban Heat Island	MWC	Miejska Wyspa Ciepła
UHII	Urban Heat Island Intensity	IMWC	Intensywność Miejska Wyspa Ciepła
Unit Weight	See: Specific Weight	Waga Jednostkowa	Zobacz: Ciężar Właściwy
Urban Heat Island	An urban heat island is a city or metropolitan area that is significantly warmer than its surrounding rural areas, usually due to human activities. The temperature difference is usually larger at night than during the day, and is most apparent when winds are weak.	Miejska Wyspa Ciepła	Miasto, aglomeracja, która jest znacznie cieplejsza niż otaczające je obszary wiejskie, zazwyczaj z powodu działalności człowieka. Różnica temperatur jest zwykle większa w nocy niż w ciągu dnia, i jest najbardziej widoczna gdy wiatry są słabe.
Urban Heat Island Intensity	The difference between the warmest urban zone and the base rural temperature defines the intensity or magnitude of an Urban Heat Island.	Miejska Wyspa Ciepła-Intensywność	Różnica między najcieplejszą strefą miejską a przeciętną temperaturą na obszarach wiejskich.
UV	Ultraviolet Light	UV	Ultrafiolet (światło)
VAWT	Vertical Axis Wind Turbine	VAWT	Turbina o pionowej osi obrotu

English	English	Polski	Polski
Vena Contracta	The point in a fluid stream where the diameter of the stream, or the stream cross-section, is the least, and fluid velocity is at its maximum, such as with a stream of fluid exiting a nozzle or other orifice opening.	Vena Contracta	Punkt w strumieniu płynu o najmniejszym przekroju i największej szybkości, tak jak w strumieniu płynu wypływającego z dyszy albo innego otworu.
Vernal Pool	Temporary pools of water that provide habitat for distinctive plants and animals; a distinctive type of wetland usually devoid of fish, which allows for the safe development of natal amphibian and insect species unable to withstand competition or predation by open water fish.	Wiosenne Mokradła	Tymczasowe naturalne zbiorniki wodne stwarzające środowisko dla specyficznych roślin i zwierząt; specyficzny typ mokradła przeważnie pozbawionego ryb, co pozwala na bezpieczny rozwój płazów i innych insektów, które nie wytrzymałyby obecności i walki na otwartych wodach.
Vertebrates	An animal having a backbone or spinal column, including mammals, birds, reptiles, amphibians, and fishes (compare to invertebrate).	Kręgowce	Rodzaj zwierząt wyróżniających się posiadaniem szkieletu lub kręgosłupa. Włącznie z: ssaki, ptaki, gady, płazy i ryby (porównać z bezkręgowcami).
Vertical Axis Wind Turbine	A type of wind turbine where the main rotor shaft is set transverse to the wind (but not necessarily vertically) while the main components are located at the base of the turbine. This arrangement allows the generator and	Turbina Wiatrowa	Typ turbiny wiatrowej w której główna oś wiernika jest osadzona poprzecznie do wiatru (ale nie koniecznie pionowo) podczas gdy główne komponenty są umieszczone w podstawie turbiny.

English	English	Polski	Polski
	gearbox to be located close to the ground, facilitating service and repair. VAWTs do not need to be pointed into the wind, which removes the need for wind-sensing and orientation mechanisms.		Takie ułożenie pozwala na to, że generator i przekładnia jest umieszczona blisko gruntu ułatwiając konserwacje i naprawy. Turbina ta nie musi być skierowana pod wiatr, dzięki czemu sensor wiatru nie jest wymagany.
Vicinal Water	Water which is trapped next to or adhering to soil or biosolid particles.	Wody Okoliczne	Woda zatrzymana na powierzchni ziemi lub na osadach ściekowych.
Virus	Any of various submicroscopic agents that infect living organisms, often causing disease, and that consist of a single or double strand of RNA or DNA surrounded by a protein coat. Unable to replicate without a host cell, viruses are often not considered to be living organisms.	Wirus	Różne rodzaje submikroskowych środków, które skażają żywe organizmy, często powodując chorobę, posiadają pojedyncze lub podwójne wiązanie RNA lub DNA otoczone przez warstwę proteiny. Niemożliwe do rozwoju bez komórki nosiciela, wirusy często nie są uważane jako żywe organizmy.
Viscosity	A measure of the resistance of a fluid to gradual deformation by shear stress or tensile stress; analogous to the concept of "thickness" in liquids, such as syrup versus water.	Lepkość	Miara odporności płynu na stopniowe odkształcenie spowodowane zciągającym lub rozciągającym naprężeniem; porównywalne z pojęciem gęstości w płynach, takich jak np. syrop w porównaniu z wodą.

English	English	Polski	Polski
Volcanic Rock	Rock formed from the hardening of molten rock.	Skała Wulkaniczna	Skała uformowana z zastygłej, stopionej lawy.
Volcanic Tuff	A type of rock formed from compacted volcanic ash which varies in grain size from fine sand to coarse gravel.	Tuf Wulkamiczny	Typ skały uformowanej ze zbitego pyłu wulkanicznego, o zróżnicowanej wielkości ziarna od drobnego piasku do gruboziarnistego żwiru.
Wastewater	Water which has become contaminated and is no longer suitable for its intended purpose.	Ściek	Woda, która zostala skażona i nie sluży więcej swojemu przeznaczeniu.
Water Cycle	The water cycle describes the continuous movement of water on, above, and below the surface of the Earth.	Cykl Wody	Cykl wody opisujący ciągly ruch wody na, ponad i pod powierzchnią ziemi.
Water Hardness	The sum of the Calcium and Magnesium ions in the water; other metal ions also contribute to hardness, but are seldom present in significant concentrations.	Twardość Wody	Suma jonów wapnia i magnezu w wodzie; jony innych metali także wpływają na twardość wody ale rzadko występują w znaczącej koncentracji.
Water Softening	The removal of calcium and magnesium ions from water (along with any other significant metal ions present).	Zmiękczanie Wody	Usuwanie jonów wapnia i magnezu z wody a także innych obecnych jonów metalu.
Weathering	The oxidation, rusting, or other degradation of a material due to weather effects.	Wietrzenie	Utlenianie, rdzewienie lub inny rozkład materiału wskutek wpływu pogody.

English	English	Polski	Polski
Wind Turbine	A mechanical device designed to capture energy from wind moving past a propeller or vertical blade of some sort, thereby turning a rotor inside a generator to generate electrical energy.	Turbina Wiatrowa	Urządzenie mechaniczne przeznaczone do wychwytywania energii z wiatru poprzez wprowadzanie w ruch śmigła lub jakiejś pionowej łopatki, a tym samym obracając wirnik wewnątrz generatora w celu wytworzenia energii elektrycznej.

CHAPTER 4

Polish to English

Polish	Polish	English	English
AA	Spektrofotometr absorpcji atomowej; Urządzenie do testowania specyficznych metali w glebach i płynach.	AA	Atomic Absorption Spectrophotometer; an instrument to test for specific metals in soils and liquids.
Adiabatyczne	Dotyczący lub oznaczający proces lub stan, w którym dany uklad nie pobiera i nie oddaje ciepła w czasie badania.	Adiabatic	Relating to or denoting a process or condition in which heat does not enter or leave the system concerned during a period of study.
Aerodynamiczny	Mający kształt, który zmniejsza opór powietrza, wody, albo innych płynów podczas ruchu.	Aerodynamic	Having a shape that reduces the drag from air, water, or any other fluid moving past.
Aerofit	Epifit	Aerophyte	An Epiphyte
Aerofit	Epifit	Air Plant	An Epiphyte
Aglomeracja	Proces łączenia się rozpuszczonych cząstek w wodzie lub w ściekach i formowania na tyle dużych cząstek, że mogą być poddane flokulacji w postaci osadu.	Agglomeration	The coming together of dissolved particles in water or wastewater into suspended particles large enough to be flocculated into settlable solids.

Polish	Polish	English	English
Alotropia	Chemiczny element który może istnieć w dwóch lub większej ilości form, w tym samym stanie fizycznym, ale zmieniony strukturalnie.	Allotrope	A chemical element that can exist in two or more different forms, in the same physical state, but with different structural modifications.
Amfoteryczność	Zdolność cząsteczki lub jonu do reakcji jako kwas i jako zasada.	Amphoterism	When a molecule or ion can react both as an acid and as a base.
Anaerob	Rodzaj organizmu, który nie wymaga tlenu do reprodukcji, ale może używac azot, siarczany i inne Związki w tym celu.	Anaerobe	A type of organism that does not require oxygen to propagate, but can use nitrogen, sulfates, and other compounds for that purpose.
Anamoks	Skrót od " anarobowego utleniania amonowego," ważnego procesu mikrobiologicznego w cyklu azotowym. Oraz jako znana nazwa technologii usuwania amonu.	Anammox	An abbreviation for "**Anaerobic AMM**onium **OX**idation," an important microbial process of the nitrogen cycle; also the trademarked name for an anammox-based ammonium removal technology.
Anion	Ujemnie naładowany jon.	Anion	A negatively charged ion.
AnMBR	Beztlenowy bioreaktor membranowy	AnMBR	Anaerobic Membrane Bioreactor
Antropogeniczne	Spowodowane działalnością człowieka.	Anthropogenic	Caused by human activity.
Antropologia	Nauka zajmująca się badaniem ludzkiego życia i historii.	Anthropology	The study of human life and history.
Antropomorfizm	Przypisywanie otoczeniu np. zwierzętom, cech ludzkich i ludzkich motywów postępowania.	Anthropomorphism	The attribution of human characteristics or behavior to a non-human object, such as an animal.

Polish	Polish	English	English
Antyklina	Forma geologicznego fałdu w kształcie łuku, uformowanego z warstw skalnych, który ma w środku swoje najstarsze warstwy.	Anticline	A type of geologic fold that is an arch-like shape of layered rock which has its oldest layers at its core.
AO (Arktyczne Oscylacje)	Wskaźnik (który zmienia się w czasie w nieregularnych odstępach) dominującej częstotliwości niesezonowych wahań ciśnienia atmosferycznego na poziomie morza na północ od 20 N szerokości geograficznej, charakteryzujący się anomalią cisnienia na obszarze Arktyki i odwrotnych anomalii skupionych w pobliżu 37–45N.	AO (Arctic Oscillations)	An index (which varies over time with no particular periodicity) of the dominant pattern of nonseasonal sea-level pressure variations north of 20N latitude, characterized by pressure anomalies of one sign in the Arctic with the opposite anomalies centered about 37–45N.
Autotroficzny Organizm	Typowo mikroskopijne rośliny zdolne do syntetyzowania własnej żywności z prostych substancji organicznych.	Autotrophic Organism	A typically microscopic plant capable of synthesizing its own food from simple organic substances.
Bagno	Forma terenu w kształcie kopuły, położona powyżej poziomu najbliższej okolicy. Jest ono zasilane głównie przez wody opadowe.	Bog	A bog is a domed-shaped land form, higher than the surrounding landscape, and obtaining most of its water from rainfall.
Bagno	Obszar obniżonego lądu; jest często zalewany, zdominowany przez rośliny drzewiaste.	Swamp	An area of low-lying land; frequently flooded, and especially one dominated by woody plants.

Polish	Polish	English	English
Bakteria	Jednokomórkowy mikroorganizm, który ma ściany komórkowe, ale nie ma organelli i zorganizowanego jądra komórkowego, niektóre z nich mogą wywoływać choroby.	Bacterium(a)	A unicellular microorganism that has cell walls, but lacks organelles and an organized nucleus, including some that can cause disease.
Bezkręgowce	Zwierzęta które nie posiadają ani nie rozwijają kręgosłupa. Na przykład: owady, kraby, homary, ślimaki, małże, ośmiornice, rozgwiazdy, jeżowce, i robaki.	Invertebrates	Animals that neither possess nor develop a vertebral column, including insects; crabs, lobsters and their kin; snails, clams, octopuses and their kin; starfish, sea-urchins and their kin; and worms, among others.
Beztlenowe	Całkowite pozbawienie tlenu, przeważnie związane z ilością tlenu w wodzie. Różni się od "anarobowy", który odnosi się do organizmu żyjącego w otoczeniu beztlenowym.	Anoxic	A total depletion of the concentration of oxygen in water. Distinguished from "anaerobic" which refers to bacteria that live in an anoxic environment.
Beztlenowy	Spokrewniony z organizmami, które nie wymagają wolnego tlenu do oddychania lub życia. Te organizmy zwykle wykorzystują azot, żelazo lub inne metale dla metabolizmu i wzrostu.	Anaerobic	Related to organisms that do not require free oxygen for respiration or life. These organisms typically utilize nitrogen, iron, or some other metals for metabolism and growth.
Beztlenowy Bioreaktor Membranowy	Wysoko ceniony beztlenowy proces oczyszczania ścieków, który wykorzystuje	Anaerobic Membrane Bioreactor	A high-rate anaerobic wastewater treatment process that uses a membrane barrier to perform the gas-

Polish	Polish	English	English
	membranę bariery do rozdzielenia gazu, cieczy i substancji stałych oraz funkcje retencyjne reaktora biomasy.		liquid-solids separation and reactor biomass retention functions.
Biochemiczne	Odnoszące się do biologicznie napędzanych procesów chemicznych w żywych organizmach.	Biochemical	Related to the biologically driven chemical processes occurring in living organisms.
Biofilm	Każda grupa mikroorganizmów, w których komórki sklejają się ze sobą na powierzchni, na przykład na powierzchni nośnika filtra do oczyszczania ścieków lub powolnego filtra piaskowego do oczyszczania szlamu.	Biofilm	Any group of microorganisms in which cells stick to each other on a surface, such as on the surface of the media in a trickling filter or the biological slime on a slow sand filter.
Biofiltr	Zobacz: Filtr Ścieku	Biofilter	See: Trickling Filter
Biofiltracja	Technika kontroli zanieczyszczeń, wykorzystująca żywe organizmy do biologicznej likwidacji substancji szkodliwych.	Biofiltration	A pollution control technique using living material to capture and biologically degrade process pollutants.
Bioflotacji	Łączenie się rozproszonych cząsteczek organicznych poprzez działanie specyficznych bakterii i glonów, powodując często szybsze i pełniejsze osadzanie organicznych materiałów stałych w ściekach.	Bioflocculation	The clumping together of fine, dispersed organic particles by the action of specific bacteria and algae, often resulting in faster and more complete settling of organic solids in wastewater.
Biomasa	Materia organiczna pochodząca od obecnie lub niedawno żyjących organizmów.	Biomass	Organic matter derived from living, or recently living, organisms.

Polish	Polish	English	English
Biopaliw	Paliwo produkowane drogą obecnych procesów biologicznych, raczej takich jak beztlenowa fermentacja substancji organicznych, niż wytwarzane w wyniku procesów geologicznych, takich jak paliwa kopalne, takie jak węgiel i ropa naftowa.	Biofuel	A fuel produced through current biological processes, such as anaerobic digestion of organic matter, rather than being produced by geological processes such as fossil fuels, such as coal and petroleum.
Bioreaktor	Zbiornik, naczynie, staw lub laguna, w której jest wykonywany proces biologiczny, zwykle związany z oczyszczaniem wody lub ścieków.	Bioreactor	A tank, vessel, pond or lagoon in which a biological process is being performed, usually associated with water or wastewater treatment or purification.
Bioreaktor Membranowy	Kombinacja procesu membranowego takiegu jak mikrofiltracja lub ultrafiltracja z bioreaktorem zatrzymania rozrostu.	Membrane Bioreactor	The combination of a membrane process like microfiltration or ultrafiltration with a suspended growth bioreactor.
Biorecro	Opracowany proces, który usuwa CO_2 z atmosfery i magazynuje go na stałe pod ziemią.	Biorecro	A proprietary process that removes CO_2 from the atmosphere and store it permanently below ground.
Biotransformacja	Biologicznie stymulowane reakcje chemiczne takich związków jak substancje odżywcze, aminokwasy, toksyny i leki w procesie oczyszczania ścieków.	Biotransformation	The biologically driven chemical alteration of compounds such as nutrients, amino acids, toxins, and drugs in a wastewater treatment process.
Biowęgiel	Węgiel używany do wzbogacenia gleby w jego związki.	Biochar	Charcoal used as a soil supplement.

Polish	Polish	English	English
BOD	Biologiczne zapotrzebowanie na tlen; miara poziomu zanieczyszczeń organicznych w wodzie.	BOD	Biological Oxygen Demand; a measure of the strength of organic contaminants in water.
Buforowanie	Wodny roztwór składający się z mieszaniny słabego kwasu i jego sprzężonej zasady lub słabych zasad i ich sprzężonego kwasu. Po dodaniu do roztworu małych lub umiarkowanych ilosci mocnego kwasu lub zasady, odczyn Ph niewiele sie zmienia dlatego jest stosowany w celu zapobiegania zmiany Ph roztworu. Roztwory buforowe są stosowane jako środki zabezpieczające pH na prawie stałym poziomie w wielu różnych zastosowaniach chemicznych.	Buffering	An aqueous solution consisting of a mixture of a weak acid and its conjugate base, or a weak base and its conjugate acid. The pH of the solution changes very little when a small or moderate amount of strong acid or base is added to it and thus it is used to prevent changes in the pH of a solution. Buffer solutions are used as a means of keeping pH at a nearly constant value in a wide variety of chemical applications.
Całkowity Węgiel Organiczny	Całkowity Węgiel Organiczny; miara zawartości organicznych zanieczyszczeń w wodzie.	TOC	Total Organic Carbon; a measure of the organic content of contaminants in water.
Carbon Neutral	Stan, w którym ilość netto dwutlenku węgla i innych związków węgla emitowanych do atmosfery lub wykorzystanych w inny sposób w trakcie procesu lub działanie jest równoważona przez podjęte działania, zwykle	Carbon Neutral	A condition in which the net amount of carbon dioxide or other carbon compounds emitted into the atmosphere or otherwise used during a process or action is balanced by actions taken, usually simultaneously, to reduce or offset those emissions or uses.

Polish	Polish	English	English
	równocześnie, w celu zmniejszenia lub przesunię- cie tych emisji i wykorzystania.		
Chelat	Związek zawi- erający ligand (zwykle organiczny) związany z central- nym atomem metalu dwoma lub więcej punktami.	Chelate	A compound contain- ing a ligand (typically organic) bonded to a central metal atom at two or more points.
Chelatacja	Rodzaj wiązania jonów i cząsteczek w jony metali, które polega na tworzeniu się lub obecności dwóch lub większej ilości odrębnych wiązań koordyna- cyjnych między wielokleszczowym (wielokrotnie wiązany) ligandem i pojedynczym atomem centralnym; zazwyczaj związek organiczny.	Chelation	A type of bonding of ions and mole- cules to metal ions that involves the formation or presence of two or more separate coordinate bonds between a polydentate (multiple bonded) ligand and a single central atom; usually an organic compound.
Chelatory	Środek wiążący, który hamuje akty- wność chemiczną poprzez formowanie chelatów.	Chelators	A binding agent that suppresses chemical activity by forming chelates.
Chelatujące	Związek chemiczny w postaci pierścienia heterocyklicznego zawierającego jon metalu przymo- cowany skoordy- nowanymi wiązaniami do przynajmniej dwóch niemetalowych jonów.	Chelants	A chemical com- pound in the form of a heterocyclic ring, containing a metal ion attached by coordinate bonds to at least two nonmetal ions.

Polish	Polish	English	English
Chemiczne Utlenianie	Utrata elektronów przez cząsteczki, atom lub jon podczas reakcji chemicznych.	Chemical Oxidation	The loss of electrons by a molecule, atom, or ion during a chemical reaction.
Chemiczne Wiązanie Atomów	Kowalencyjne wiązanie pomiedzy dwoma atomami; istnienie pary elektronów, którymi dzielą się w porównywalnym stopniu oba atomy tworzące to wiązanie.	Coordinate Bond	A covalent chemical bond between two atoms that is produced when one atom shares a pair of electrons with another atom lacking such a pair. Also called a coordinate covalent bond.
Chlorowanie	Proces dodania chloru do wody lub innej substancji, dla celów dezynfekcji.	Chlorination	The act of adding chlorine to water or other substances, typically for purposes of disinfection.
Chmura Pierzasta	Chmury pierzaste są cienkie, delikatne, które tworzą się na ogół powyżej 18.000 stóp.	Cirrus Cloud	Cirrus clouds are thin, wispy clouds that usually form above 18,000 feet.
Chmura Typu Cumulonimbus	Gęsta chmura rozbudowana pionowo na dużej wysokości. Często powiązana z burzami i niestabilnymi warunkami atmosferycznymi, utworzona z pary wodnej, przenoszona przez silny prąd powietrza w górę.	Cumulonimbus Cloud	A dense, towering, vertical cloud associated with thunderstorms and atmospheric instability, formed from water vapor carried by powerful upward air currents.
Ciemna Fermentacja	Proces zamiany organicznego podłoża na biowodór przez fermentację bez obecności światła.	Dark Fermentation	The process of converting an organic substrate to biohydrogen through fermentation in the absence of light.

Polish	Polish	English	English
Ciężar Właściwy	Ciężar na jednostkę objętości materiału lub substancji.	Specific Weight	The weight per unit volume of a material or substance.
Ciśnienie Osmotyczne	Minimalne ciśnienie oddziałujące na roztwór potrzebne na powstrzymanie przepływu wody przez półprzepuszczalną membranę. Jest również zdefiniowane jako miara tendencji roztworu do pobrania wody przez osmozę.	Osmotic Pressure	The minimum pressure which needs to be applied to a solution to prevent the inward flow of water across a semipermeable membrane. It is also defined as the measure of the tendency of a solution to take in water by osmosis.
COD	Chemiczne zapotrzebowanie na tlen; miara siły zanieczyszczeń chemicznych w wodzie.	COD	Chemical Oxygen Demand; a measure of the strength of chemical contaminants in water.
Cykl Hydrologiczny	Naturalny obieg wody na, powyżej i poniżej powierzchni ziemi.	Hydrologic Cycle	The hydrological cycle describes the continuous movement of water on, above, and below the surface of the Earth.
Cykl Wody	Cykl wody opisujący ciągly ruch wody na, ponad i pod powierzchnią ziemi.	Water Cycle	The water cycle describes the continuous movement of water on, above, and below the surface of the Earth.
Czarna Woda	Oczyszczalnia ścieków lub innych odpadów pochodzenia ludzkiego.	Black water	Sewage or other wastewater contaminated with human wastes.
Denne	Przymiotnik opisujący osad i powierzchnię dna zbiornika wodnego, zamieszkałego przez różne organizmy.	Benthic	An adjective describing sediments and soils beneath a water body where various "benthic" organisms live.
Dioksan	Organiczny związek chemiczny; bezbarwna ciecz ze słodkim zapachem.	Dioxane	A heterocyclic organic compound; a colorless liquid with a faint sweet odor.

Polish	Polish	English	English
Dioksyn	Dioksyny powstają w śladowych ilościach podczas różnych procesów przemysłowych, są one powszechnie uwazane za wysoko toksyczne zwiazki, szkodliwe dla środowiska.	Dioxin	Dioxins and dioxin-like compounds (DLCs) are by-products of various industrial processes, and are commonly regarded as highly toxic compounds that are environmental pollutants and persistent organic pollutants (POPs).
Drumlin	Forma geologiczna ukształtowania powierzchni ziemi pochodzenia glacjalnego, w którym formacja kamienna tworzy owalny kształt, formuje wzgórze kiedy lodowiec topnieje. Tępy wierzchołek wzgórza wskazuje kierunek w którym lodowiec przesuwał się.	Drumlin	A geologic formation resulting from glacial activity in which a well-mixed gravel formation of multiple grain sizes that forms an elongated or ovular, teardrop shaped, hill as the glacier melts; the blunt end of the hill points in the direction the glacier originally moved over the landscape.
Dzienny	Powtarzające się codziennie.	Diurnal	Recurring every day, such as diurnal tasks, or having a daily cycle, such as diurnal tides.
Efuzja	Emisja cieczy, światła lub zapachu zazwyczaj związana z wyciekiem lub małym wydzielaniem w stosunku do dużej objętości.	Effusion	The emission or giving off of something such as a liquid, light, or smell, usually associated with a leak or a small discharge relative to a large volume.
Egzosfera	Cienka, zewnętrzna warswa atmosfery ziemskiej, gdzie cząsteczki są związane grawitacyjnie z planetą ale gęstość jest zbyt niska dla nich aby zachowywać się jak gas poprzez zderzanie się ze sobą.	Exosphere	A thin, atmosphere-like volume surrounding Earth where molecules are gravitationally bound to the planet, but where the density is too low for them to behave as a gas by colliding with each other.

Polish	Polish	English	English
Ekologia	Nauka o oddziały-waniu miedzy organizmami a ich środowiskiem.	Ecology	The scientific analysis and study of interactions among organisms and their environment.
Ekonomia	Nauka społeczna analizująca oraz opisująca produkcję, dystrybucję oraz konsumpcję dóbr i podział dochodu.	Economics	The branch of knowledge concerned with the production, consumption, and transfer of wealth.
El Niña	Chłodniejsza faza Oscylacji Południo-wej El Nina związana z temperaturą powierzchni morza w wschodniej części Pacyfiku poniżej średniej i wysokiego ciśnienia powietrza we wschodniej czesci i niskiego w zachod-niej czesci Pacyfiku.	El Niña	The cool phase of El Niño Southern Oscillation associated with sea surface temperatures in the eastern Pacific below average and air pressures high in the eastern and low in western Pacific.
El Niño	Cieplejsza faza Osc-ylacji Południowej, związana z pasmem ciepłej oceanicznej wody wystepujacym w środkowej czesci Pacyfiku, włącznie z wybrzeżem Pacy-fiku w Ameryce Południowe. El Niño towarzyszy wysokie cisnienie powietrza w zachodniej czesci Pacyfiku i niskie w czesci wschodniej.	El Niño	The warm phase of the El Niño Southern Oscillation, associated with a band of warm ocean water that develops in the central and east-central equatorial Pacific, including off the Pacific coast of South America. El Niño is accompanied by high air pressure in the western Pacific and low air pressure in the eastern Pacific.
El Niño Południowa Oscylacja	Dotyczy cyklu ciepłych i zimnych temperatur, mierzon-ych na powierzchni	El Niño Southern Oscillation	The El Niño Southern Oscillation refers to the cycle of warm and cold

Polish	Polish	English	English
	oceanu w tropikalnej strefie centralnej i wschodniej czesci Pacyfiku.		temperatures, as measured by sea surface temperature, of the tropical central and eastern Pacific Ocean.
ENSO	Oscylacja Południowa El Nino	ENSO	El Niño Southern Oscillation
Entalpia	Pomiar energii w układzie termodynamicznym.	Enthalpy	A measure of the energy in a thermodynamic system.
Entomologia	Dział zoologii zajmujący się z badaniem owadow.	Entomology	The branch of zoology that deals with the study of insects.
Entropia	Termodynamiczna ilość reprezentująca niedostępność energii cieplnej w układzie przeliczana na pracę mechaniczną. Zgodnie z drugim prawem termodynamiki, entropia w izolowanym systemie nigdy nie maleje.	Entropy	A thermodynamic quantity representing the unavailability of the thermal energy in a system for conversion into mechanical work, often interpreted as the degree of disorder or randomness in the system. According to the second law of thermodynamics, the entropy of an isolated system never decreases.
Eon	Bardzo dlugi okres czasu, zazwyczaj mierzony w milionach lat.	Eon	A very long time period, typically measured in millions of years.
Epifit	Roślina rosnąca na powierzchni ziemi na innej roślinie, ale nie prowadząca pasożytniczego trybu życia. Pobiera składniki odżywcze i wodę z deszczu, powietrza, i kurzu.	Epiphyte	A plant that grows above the ground, supported nonparasitically by another plant or object and deriving its nutrients and water from rain, air, and dust; an "Air Plant."

Polish	Polish	English	English
Estetyka	Badanie piękna i gustu, interpretacja dzieł sztuki i kierunków artystycznych.	Aesthetics	The study of beauty and taste, and the interpretation of works of art and art movements.
Estry	Grupa organicznych związków chemicznych, będących produktami kondensacji kwasów i alkoholi.	Ester	A type of organic compound, typically quite fragrant, formed from the reaction of an acid and an alcohol.
Eutrofizacja	Reakcja ekosystemu na wzbogacenie środowiska wodnego w dodatkowe, sztuczne lub naturale składniki odżywcze, głównie azotany i fosforany. Jak np. duży wzrost fitoplanktonu w akwenie wodnym w wyniku zwiększenia poziomu substancji odżywczych. Termin ten zwykle sugeruje starzenie się ekosystemu i przeobrażanie otwartych wód w stawie lub jeziorze w mokradła, następnie w bagna i torfowiska i ostatecznie w zalesione tereny.	Eutrophication	An ecosystem response to the addition of artificial or natural nutrients, mainly nitrates and phosphates to an aquatic system; such as the "bloom" or great increase of phytoplankton in a water body as a response to increased levels of nutrients. The term usually implies an aging of the ecosystem and the transition from open water in a pond or lake to a wetland, then to a marshy swamp, then to a fens, and ultimately to upland areas of forested land.
Eutrofizacja	Zobacz: Eutrofizacja	Hypertrophication	See: Eutrophication
Fakultatywny Organizm	Organizm który rośnie zarówno w warunkach tlenowych i beztlenowych; zazwyczaj jeden z warunków jest faworyzowany: Tlenowiec	Facultative Organism	An organism that can propagate under either aerobic or anaerobic conditions; usually one or the other conditions is

Polish	Polish	English	English
	Fakultatywny lub Beztlenowiec Fakultatywny.		favored: as Facultative Aerobe or Facultative Anaerobe.
Fenokryształy	Duże kryształy w porfirowej skale.	Phenocryst	The larger crystals in a porphyritic rock.
Fermentacja	Biologiczny proces rozkładu substancji za pomocą bakterii, drożdży lub innych mikroorganizmów, często przy użyciu ciepła i usuwania gazów.	Fermentation	A biological process that decomposes a substance by bacteria, yeasts, or other microorganisms, often accompanied by heat and off-gassing.
Fermentacyjne Zbiorniki	Mały zbiornik w kształcie lejka, umieszczony na dnie stawu oczyszczania ścieków służący do przechwycania osadzających się ciał stałych, poddanych beztlenowej fermentacji w sposób bardziej wydajny.	Fermentation Pits	A small, cone shaped pit sometimes placed in the bottom of wastewater treatment ponds to capture the settling solids for anaerobic digestion in a more confined, and therefore more efficient way.
Filtr ścieku	Typ oczyszczalni ściekowej, której system skonstruowany jest ze stałego podłoża kamieni, lawy, koksu, żwiru, żużlu, pianki poliuretanowej, mchów torfowych, tworzyw ceramicznych lub plastikowych mediów, przez które wolno są przesączane zanieczyszczenia lub ścieki tworząc warstwę mikrobiologicznego śluzu, pokrywającą podłoże midiów i wytrącającą składniki odżywcze i szkodliwe bakterie w tym procesie.	Trickling Filter	A type of wastewater treatment system consisting of a fixed bed of rocks, lava, coke, gravel, slag, polyurethane foam, sphagnum peat moss, ceramic, or plastic media over which sewage or other wastewater is slowly trickled, causing a layer of microbial slime (biofilm) to grow, covering the bed of media, and removing nutrients and harmful bacteria in the process.

Polish	Polish	English	English
Flokulacja	Łączenie drobnych cząstek zawieszonych w wodzie lub ściekach w wystarczająco duże, by usunąć je w trakcie procesu sedymentacji.	Flocculation	The aggregation of fine suspended particles in water or wastewater into particles large enough to settle out during a sedimentation process.
FOG (Oczyszczalnia Ścieków)	Tłuszcze, oleje, i smary	FOG (Wastewater Treatment)	Fats, oil, and grease
Forma Bakterii Coli	Rodzaj wskaźnika organizmu wykorzystywany do określenia zawartości organizmów chorobotwórczych w wodzie.	Coliform	A type of Indicator Organism used to determine the presence or absence of pathogenic organisms in water.
Fotofermentacja	Proces zamiany podłoża organicznego na biowodór przez fermentację w obecności światła.	Photofermentation	The process of converting an organic substrate to biohydrogen through fermentation in the presence of light.
Fotosynteza	Proces wykorzystywany przez rośliny (i inne organizmy) do konwersji energii świetlnej (ze słońca) w energię chemiczną. Ta energia jest wykorzystywana przez organizmy do wzrostu i reprodukcji.	Photosynthesis	A process used by plants and other organisms to convert light energy, normally from the Sun, into chemical energy that can be used by the organism to drive growth and propagation.
Gaz Cieplarniany	Gazowy składnik atmosfery będący jedną z przyczyn efektu cieplarnianego. Gazy cieplarniane zapobiegają wydostawaniu się promieniowania podczerwonego z	Greenhouse Gas	A gas in an atmosphere that absorbs and emits radiation within the thermal infrared range; usually associated with destruction of the ozone layer in the upper atmosphere of

Polish	Polish	English	English
	planety, pochłaniając je i oddając do atmosfery, w wyniku czego następuje zwiększenie temperatury jej powierzchni.		the earth and the trapping of heat energy in the atmosphere leading to global warming.
GC	Chromatograf Gasowy—urządzenie do mierzenia lotnych i pół-lotnych związków organicznych w gazach.	GC	Gas Chromatograph—an instrument used to measure volatile and semi-volatile organic compounds in gases.
GC-MS	Chromatograf Gasowy połączony z Spectrofotmetrem	GC-MS	A GC coupled with an MS
Geologia	Jedna z nauk o Ziemi, zajmuje się budową, własnościami i historią Ziemi oraz procesami zachodzącymi w jej wnętrzu i na jej powierzchni, dzięki którym ulega ona przeobrażeniom.	Geology	An earth science comprising the study of solid Earth, the rocks of which it is composed, and the processes by which they change.
Głowica Hydrauliczna	Siła wywierana przez kolumnę płynu, wyrażona przez wysokość płynu powyżej punktu pomiaru ciśnienia.	Head (Hydraulic)	The force exerted by a column of liquid expressed by the height of the liquid above the point at which the pressure is measured.
Gnejs	Skała metamorficzna o dużych ziarnach mineralnych ułożonych w szerokie pasma. Oznacza to raczej strukturę skały niż konkretny skład mineralny.	Gneiss	Gneiss ("nice") is a metamorphic rock with large mineral grains arranged in wide bands. It means a type of rock texture, not a particular mineral composition.
Gondola	Aerodynamicznie ukształtowana obudowa turbiny i urządzeń pracujących w turbine wiatrowej.	Nacelle	Aerodynamically shaped housing that holds the turbine and operating equipment in a wind turbine.

Polish	Polish	English	English
Gorskie Jezioro	Górskie jezioro lub staw, utworzone w kotlina, wydrążone przez lodowiec.	Tarn	A mountain lake or pool, formed in a cirque excavated by a glacier.
GPR	Georadar	GPR	Ground Penetrating Radar
GPS	System nawigacji satelitarnej obejmujący swoim zasięgiem całą kulę ziemską. Działanie polega na pomiarze czasu dotarcia sygnału radiowego z satelitów do odbiornika.	GPS	The Global Positioning System; a space-based navigation system that provides location and time information in all weather conditions, anywhere on or near the Earth where there is a simultaneous unobstructed line of sight to four or more GPS satellites.
HAWT	Turbina Wiatrowa o poziomej osi obrotu	HAWT	Horizontal Axis Wind Turbine
Hydraulika	Nauka o mechanicznych zastosowaniach cieczy w szczególności o wykorzystywaniu jej ruchu lub przepływu.	Hydraulics	Hydraulics is a topic in applied science and engineering dealing with the mechanical properties of liquids or fluids.
Hydroelektryczne	Przymiotnik, który opisuje system lub urządzenie zasilane hydroelektryczną siłą.	Hydroelectric	An adjective describing a system or device powered by hydroelectric power.
Hydroelektryczność	Prąd który jest generowany przy użyciu spadającej lub przepływającej wody.	Hydroelectricity	Hydroelectricity is electricity generated through the use of the gravitational force of falling or flowing water.
Hydrolog	Praktykujący hydrologię.	Hydrologist	A practitioner of hydrology.
Hydrologia	Badanie naukowe przepływu, dystrybucji, i jakości wody.	Hydrology	Hydrology is the scientific study of the movement, distribution, and quality of water.

Polish	Polish	English	English
Ilośc i koncentracja	Liczba określająca masę substancji np. 5 mg sodu. Koncentracja jest stosunkiem danej masy do objętości, zazwyczaj substancji rozpuszczalnej jak woda, np. mg/l sodu na litr wody.	Amount vs. Concentration	An amount is a measure of a mass of something, such as 5 mg of sodium. A concentration relates the mass to a volume, typically of a solute, such as water; for example: mg/L of sodium per liter of water, or mg/L.
Imago (Owad Dorosły)	Ostateczne stadium w rozwoju osobniczym owadów przechodzących proces przeobrażenia.	Imago	The final and fully developed adult stage of an insect, typically winged.
IMWC	Intensywność Miejska Wyspa Ciepła	UHII	Urban Heat Island Intensity
Jon	Atom lub cząsteczka, która ma niedomiar lub nadmiar elektronów w stosunku do protonów. Jony są elektrycznie naładowane dodatnio lub ujemnie.	Ion	An atom or a molecule in which the total number of electrons is not equal to the total number of protons, giving the atom or molecule a net positive or negative electrical charge.
Kanalizacja	Infrastruktura która doprowadza ścieki, jak np. rury, studzienki, zbiorniki, itp.	Sewerage	The physical infrastructure that conveys sewage, such as pipes, manholes, catch basins, etc.
Kapilarność	Zdolność cieczy w rurze kapilarnej lub stykającej się z materiałem chłonnym do podnoszenia się lub opadania pod wpływem napięcia powierzchniowego.	Capillarity	The tendency of a liquid in a capillary tube or absorbent material to rise or fall as a result of surface tension.

Polish	Polish	English	English
Kataliza	Zmiana, zazwyczaj wzrost szybkości reakcji chemicznych ze względu na udział dodatkowej substancji, zwanej katalizatorem, który nie bierze udziału w reakcji, ale zmienia szybkość reakcji.	Catalysis	The change, usually an increase, in the rate of a chemical reaction due to the participation of an additional substance, called a catalyst, which does not take part in the reaction but changes the rate of the reaction.
Katalizator	Substancja, która powoduje katalizę zmieniając szybkość reakcji chemicznej, nie jest zużywana podczas reakcji.	Catalyst	A substance that causes Catalysis by changing the rate of a chemical reaction without being consumed during the reaction.
Kation	Dodatnio naład-owany jon.	Cation	A positively charged ion.
Kawitacji	Kawitacja polega na tworzeniu się pęcherzyków pary lub drobnych pęcherzyków, w cieczy w wyniku sił działających na ciecz. Zwykle pojawia sie to wtedy, gdy płyn jest pod-dany gwałtownym zmianom ciśnie-nia, na przykład na tylnej stronie łopatki pompy, które powodują tworzenie się wnęk tam gdzie ciśnienie jest stosun-kowo niskie.	Cavitation	Cavitation is the formation of vapor cavities, or small bubbles, in a liquid as a consequence of forces acting upon the liquid. It usually occurs when a liquid is subjected to rapid changes of pres-sure, such as on the back side of a pump vane, that cause the formation of cavities where the pressure is relatively low.
Koagulacja	Łączenie się roz-puszczonych ciał stałych w drobne cząstki w czasie oczyszczania wody lub ścieków.	Coagulation	The coming together of dissolved solids into fine suspended particles during water or wastewater treatment.

Polish	Polish	English	English
Kocioł Polodowcowy	Płytki, wypełniony osadem zbiornik wody powstały na skutek ustąpienia lodowca albo odpływu wód powodziowych. Kotły są to polodowcowe formy ukształtowania terenu występujące w rezultacie odrywania się bloków lodu od przodu cofającego się lodowca i zostają częściowo albo całkowicie zasypane przez wody polodowcowe.	Kettle Hole	A shallow, sediment-filled body of water formed by retreating glaciers or draining floodwaters. Kettles are fluvioglacial landforms occurring as the result of blocks of ice calving from the front of a receding glacier and becoming partially to wholly buried by glacial outwash.
Kokon	Twarda obudowa otaczająca larwę w czasie rozwoju owadów takich jak motyle.	Chrysalis	The chrysalis is a hard casing surrounding the pupa as insects such as butterflies develop.
Koncentracja	Masa na jednostkę objętości jednego związku chemicznego, mineralnego lub substancji w innym.	Concentration	The mass per unit of volume of one chemical, mineral, or compound in another.
Kopiec	Stos zbudowany przez człowieka z kamieni zwykle używanych do oznaczenia trasy w wielu częściach świata, na wyżynach, na wrzosowiskach, na szczytach gór, w pobliżu cieków wodnych i klifów jak również na jałowych pustyniach i tundrach.	Cairn	A human-made pile (or stack) of stones typically used as trail markers in many parts of the world, in uplands, on moorland, on mountaintops, near waterways and on sea cliffs, as well as in barren deserts and tundra.

Polish	Polish	English	English
Koszty Cyklu Produkcyjnego	Metoda kalkulowania całkowitych kosztów posiadania budynku, przedsiębiorstwa lub urządzenia. Bierze pod uwagę wszystkie koszty nabycia, posiadania i pozbycia się budynku, przedsiębiorstwa lub urzadzenia. Metoda ta jest szczególnie pożyteczna gdy alternatywne projekty o tych samych wymogach ale innych początkowych i operacyjnych kosztach są porównywane w celu maksymalnej oszczędności.	Life-Cycle Costs	A method for assessing the total cost of facility or artifact ownership. It takes into account all costs of acquiring, owning, and disposing of a building, building system, or other artifact. This method is especially useful when project alternatives that fulfill the same performance requirements, but have different initial and operating costs, are to be compared to maximize net savings.
Kotlina	Dolina wyglądająca jak amfiteatr powstała na zboczu góry w wyniku erozji lodowcowej.	Cirque	An amphitheater-like valley formed on the side of a mountain by glacial erosion.
Kotlina	Mała dolina lub kotlina w górach.	Cwm	A small valley or Cirque on a mountain.
Kręgowce	Rodzaj zwierząt wyróżniających się posiadaniem szkieletu lub kręgosłupa. Włącznie z: ssaki, ptaki, gady, płazy i ryby (porównać z bezkręgowcami).	Vertebrates	An animal having a backbone or spinal column, including mammals, birds, reptiles, amphibians, and fishes (compare to invertebrate).
Kret (Biologia)	Małe ssaki przystosowane do życia pod ziemią. Posiadają owalną bodowę, aksamitne futro, bardzo małe niepozorne uszy i oczy, zmniejszone tylne	Mole (Biology)	Small mammals adapted to a subterranean lifestyle. They have cylindrical bodies, velvety fur, very small, inconspicuous ears and eyes, reduced hindlimbs

Polish	Polish	English	English
	kończyny i krótkie mocne przednie kończyny z dużymi łapami przystoso- wanymi do kopania.		and short, powerful forelimbs with large paws adapted for digging.
Krzywa Efektywnosci	Dane na wykresie lub tabeli, wskazujące na trzeci wymiar na dwuwymiarowym wykresie. Linie wskazują skuteczność działania systemu mechanicznego jako funkcji dwóch para- metrów zależnych na osi X i Y. To jest powszechnie stoso- wane w celu wska- zania wydajności pomp lub silników w różnych warunkach operacyjnych.	Efficiency Curve	Data plotted on a graph or chart to indi- cate a third dimension on a two-dimensional graph. The lines indicate the efficiency with which a mechan- ical system will operate as a function of two dependent parameters plotted on the x and y axes of the graph. Commonly used to indicate the efficiency of pumps or motors under various operating conditions.
Kwas Sprzężony	Związki utworzone w wyniku pobrania protonu przez zasadę; w istocie, jon wodoru przyłączony do zasady.	Conjugate Acid	A species formed by the reception of a proton by a base; in essence, a base with a hydrogen ion added to it.
Leki	Związki chemiczne produkowane do uży- wania w medycynie; często znajdowane w otoczeniu. Zobacz: Odporne odpady.	Pharmaceu- ticals	Compounds man- ufactured for use in medicines; often persistent in the environment. See: Recalcitrant wastes.
Lepkość	Miara odporności płynu na stopniowe odkształcenie spowodowane zciąga- jącym lub rozciąga- jącym naprężeniem; porównywalne z pojęciem gęstości w płynach, takich jak np. syrop w porówna- niu z wodą.	Viscosity	A measure of the resistance of a fluid to gradual deforma- tion by shear stress or tensile stress; analogous to the con- cept of "thickness" in liquids, such as syrup versus water.

Polish	Polish	English	English
Liczba Froude'a	Wielkość bezwymiarowa zdefiniowana jako stosunek charakterystycznej prędkości do prędkości fal grawitacyjnych. Może też być określona jako stosunek bezwładności ciała do sił grawitacyjnych. W mechanice płynów liczba Froude'a jest używana do określenia oporności częściowo zanurzonego, przesuwającego się obiektu.	Froude Number	A dimensionless number defined as the ratio of a characteristic velocity to a gravitational wave velocity. It may also be defined as the ratio of the inertia of a body to gravitational forces. In fluid mechanics, the Froude number is used to determine the resistance of a partially submerged object moving through a fluid.
Liczba Reynoldsa	Jedna z liczb podobieństwa stosowanych w mechanice płynów, stanowi podstawowe kryterium stateczności ruchu płynów. Liczba ta pozwala oszacować występujący podczas ruchu płynu stosunek sił bezwładności do sił lepkości i jest używana do określeni pędu, ciepła, i wymiany masy.	Reynold's Number	A dimensionless number indicating the relative turbulence of flow in a fluid. It is proportional to {(inertial force) / (viscous force)} and is used in momentum, heat, and mass transfer to account for dynamic similarity.
Lidar	Urządzenie działające na podobnej zasadzie jak radar, ale wykorzystujące światło zamiast mikrofal. Mierzy odległość, oświetlając sobie cel za pomocą lasera i analizuje odbite światło.	Lidar	Lidar (also written LIDAR, LiDAR or LADAR) is a remote sensing technology that measures distance by illuminating a target with a laser and analyzing the reflected light.
Ligand	W chemii, jon lub cząsteczka przyłączona do atomu metalu poprzez wiązanie koordynacyjne.	Ligand	In chemistry, an ion or molecule attached to a metal atom by coordinate bonding.

Polish	Polish	English	English
	W biochemii, cząsteczka która wiąże się z inną (zazwyczaj większą) cząsteczką.		In biochemistry, a molecule that binds to another (usually larger) molecule.
Lodowiec	Wolno płynąca masa lodu powstałego z nagromadzonego i ubitego śniegu na obszarze gór i w pobliżu biegunów.	Glacier	A slowly moving mass or river of ice formed by the accumulation and compaction of snow on mountains or near the poles.
Makrofity	Roślina, zwłaszcza wodna, wystarczająco duża aby być widoczna gołym okiem.	Macrophyte	A plant, especially an aquatic plant, large enough to be seen by the naked eye.
Makrofity Morskie	Obejmują tysiące gatunków makrofitów, przeważnie makroglony, trawy morskie i namorzyny, które rosną na płytkich wodach w strefach przybrzeżnych.	Marine Macrophyte	Marine macrophytes comprise thousands of species of macrophytes, mostly macroalgae, seagrasses, and mangroves, that grow in shallow water areas in coastal zones.
Mechanika Kwantowa	Podsawowy dział fizyki, związany z procesami dotyczącymi atomów i fotonów.	Quantum Mechanics	A fundamental branch of physics concerned with processes involving atoms and photons.
Mezopauza	Cienka izotermiczna warstwa atmosfery, pomiędzy mezosferą i termosferą.	Mesopause	The boundary between the mesosphere and the thermosphere.
Mezosfera	Warstwa atmosfery ziemskiej znajdująca się między stratosferą a mezopauzą. Jej górną granicą jest mezopauza, jedno z najzimniejszych miejsc na Ziemi. Temperatury są tak niskie jak $-100\ °C$ $(-146\ °F$ or $173\ K)$.	Mesosphere	The third major layer of Earth atmosphere that is directly above the stratopause and directly below the mesopause. The upper boundary of the mesosphere is the mesopause, which can be the coldest naturally occurring place on Earth with temperatures as low as $-100\ °C$ $(-146\ °F$ or $173\ K)$.

Polish	Polish	English	English
Miejska Wyspa Ciepła	Miasto, aglomeracja, która jest znacznie cieplejsza niż otaczające je obszary wiejskie, zazwyczaj z powodu działalności człowieka. Różnica temperatur jest zwykle większa w nocy niż w ciągu dnia, i jest najbardziej widoczna gdy wiatry są słabe.	Urban Heat Island	An urban heat island is a city or metropolitan area that is significantly warmer than its surrounding rural areas, usually due to human activities. The temperature difference is usually larger at night than during the day, and is most apparent when winds are weak.
Miejska Wyspa Ciepła-Intensywność	Różnica między najcieplejszą strefą miejską a przeciętną temperaturą na obszarach wiejskich.	Urban Heat Island Intensity	The difference between the warmest urban zone and the base rural temperature defines the intensity or magnitude of an Urban Heat Island.
Miejskie Odpady Stałe	Powszechnie nazywane śmieciami, w USA" trash" albo "garbage" i w Wielkiej Brytani "refuse' lub "rubbish," to rodzaj odpadów składających się z codziennych przedmiotów, które są wyrzucane przez społeczeństwo. "Garbage" może się też odnosić do odpadów żywności.	Municipal Solid Waste	Commonly known as trash or garbage in the United States and as refuse or rubbish in Britain is a waste type consisting of everyday items that are discarded by the public. "Garbage" can also refer specifically to food waste.
Mikrob	Mikroskopijnej wielkości jednokomórkowy organizm.	Microbe	Microscopic single-cell organisms
Mikrobiologiczny	Związany z udziałem lub obecnością mikrobów.	Microbial	Involving, caused by, or being microbes.
Mikroorganizm	Organizm widoczny pod mikroskopem, jedno lub wielokomórkowy.	Microorganism	A microscopic living organism, which may be single celled or multicellular.

Polish	Polish	English	English
Mikrozaniec-zyszczenia	Substancje organ-iczne i związki mineralne, które wykazują właści-wości toksyczne, trwałe i bioakumula-cyjne, mogące mieć negatywny wpływ na środowisko i organizmy.	Micropollut-ants	Organic or mineral substances that exhibit toxic, per-sistent and bioaccu-mulative properties that may have a negative effect on the environment and/or organisms.
Milirówn-oważników	Jedna tysięczna równoważnika masy elementu, rodników, lub związków.	Milliequiv-alent	One thousandth (10^{-3}) of the equivalent weight of an element, radical, or compound.
Mokra Gleba	Gleby które są na stałe lub sezonowo nasączone wodą, powodując warunki beztlenowe. Są uży-wane do wskazania granicy obszarów podmokłych.	Hydric Soil	Hydric soil is soil which is perma-nently or seasonally saturated by water, resulting in anaer-obic conditions. It is used to indicate the boundary of wetlands.
Mokradło	Tereny podmokłe zdominowane bardziej przez tra-wiaste niż drzewi-aste gatunki roślin; często występują na brzegach jezior i stru-mieni, gdzie tworzą strefę przejściową między ekosystemem wodnym i lądowym. Często są pokryte trawami, sitowiem i trzcinami. Rośliny drzewiaste występują raczej w formie nisko rosnących krzewów. Roślinność ta jest tym co różni mokradła od innych podmokłych terenów jak np bagna i tor-fowiska.	Marsh	A wetland dominated by herbaceous, rather than woody, plant species; often found at the edges of lakes and streams, where they form a tran-sition between the aquatic and terrestrial ecosystems. They are often dominated by grasses, rushes, or reeds. Woody plants present tend to be low-growing shrubs. This vegetation is what differentiates marshes from other types of wetland such as swamps and mires.

Polish	Polish	English	English
Molalność	Sposób wyrażania stężenia substancji w mieszaninie, zdefiniowany jako stosunek liczby moli substancji rozpuszczonej do masy rozpuszczalnika.	Molality	Molality, also called molal concentration, is a measure of the concentration of a solute in a solution in terms of amount of substance in a specified mass of the solvent.
Molarność	Molarność jest miarą koncentracji substancji rozpuszczonej w roztworze lub dowolnym związku chemicznym w określeniu masy substancji w danej objętości. Potocznie używana jednostka natężenia molowego w chemii jest mol/L jest także znany jako 1 molowy (1 M).	Molarity	Molarity is a measure of the concentration of a solute in a solution, or of any chemical species in terms of the mass of substance in a given volume. A commonly used unit for molar concentration used in chemistry is mol/L. A solution of concentration 1 mol/L is also denoted as 1 molar (1 M).
Mole (Chemia)	Ilość substancji chemicznej zawierającej tyle atomów, cząsteczek, jonów, elektronów lub fotonów, ile jest atomów w 12 gramach węgla-12 (^{12}C), izotopu węgla o ralatywnej masie atomowej 12. Ten numer jest wyrażony jako stała Avogadra, która ma wartość $6.0221412927 \times 10^{23}$ moli^{-1}.	Mole (Chemistry)	The amount of a chemical substance that contains as many atoms, molecules, ions, electrons, or photons, as there are atoms in 12 grams of carbon-12 (^{12}C), the isotope of carbon with a relative atomic mass of 12 by definition. This number is expressed by the Avogadro constant, which has a value of $6.0221412927 \times 10^{23}$ mol^{-1}.
Moment Siły (Moment Obrotowy)	Tendencja siły skręcania do obracania przedmiotu wokół osi, podparcia lub przegubu.	Torque	The tendency of a twisting force to rotate an object about an axis, fulcrum, or pivot.

Polish	Polish	English	English
Monetyzacja	Przekształcenie czynników innych niż pieniężne do standaryzowanej wartości monetarnej dla celów prawidłowgo porównania kilku wariantów.	Monetization	The conversion of nonmonetary factors to a standardized monetary value for purposes of equitable comparison between alternatives.
Morena	Materiał skalny transportowany i osadzony przez lodowiec lub lądolód.	Moraine	A mass of rocks and sediment deposited by a glacier, typically as ridges at its edges or extremity.
Morfologia	Gałąź biologii zajmująca się formą i strukturą organizmu.	Morphology	The branch of biology that deals with the form and structure of an organism, or the form and structure of the organism thus defined.
Mottling	Przebarwienia gleby w pionowym przekroju, wskazujące na utleniania, zwykle spowodowane kontaktem z wodami gruntowymi. Może to określać poziom wód gruntowych w różnych okresach.	Mottling	Soil mottling is a blotchy discoloration in a vertical soil profile; it is an indication of oxidation, usually attributed to contact with groundwater, which can indicate the depth to a seasonal high groundwater table.
MS	Spektrofotometr	MS	A Mass Spectrophotometer
MTBE	Eter tert-butylowo-metylowy	MtBE	Methyl-tert-Butyl Ether
Multi-dekadowa Oscylacja Atlantyku	Prąd morski, ktory przypuszczalnie ma wplyw na temperaturę powierzchni Północnego Oceanu Atlantyckiego, zaleznie od trendów klimatycznych i skali czasowej.	AMO (Atlantic Multidecadal Oscillation)	An ocean current that is thought to affect the sea surface temperature of the North Atlantic Ocean based on different modes and on different multidecadal timescales.

Polish	Polish	English	English
MWC	Miejska Wyspa Ciepła	UHI	Urban Heat Island
Nacisk Właściwy	Stosunek gęstości substancji do gęstości substancji odniesienia; albo stosunek masy na jednostkę objętości substancji do jednostki objętości substancji odniesienia.	Specific Gravity	The ratio of the density of a substance to the density of a reference substance; or the ratio of the mass per unit volume of a substance to the mass per unit volume of a reference substance.
Nanorurka	Struktura stworzona z cząstek atomowych, mająca postać pustego w środku walca, który ma średnicę około jednego do kilku nanometrów. Mogą być one wykonane z różnych materiałów, najczęściej węgla.	Nanotube	A nanotube is a cylinder made up of atomic particles and whose diameter is around one to a few billionths of a meter (or nanometers). They can be made from a variety of materials, most commonly, Carbon.
Nanorurka Węglowa	Zobacz: Nanorurka	Carbon Nanotube	See: Nanotube
Nora	Podziemna kryjówka dla zwierząt przystosowanych do kopania i podziemnego życia, na przykład: borsuk, golec, salamandra, itp.	Fossorial	Relating to an animal that is adapted to digging and life underground such as the badger, the naked mole-rat, the mole salamanders, and similar creatures.
Obciążenie Hydrauliczne	Objętość płynu, który jest skierowany na powierzchnię filtra, gleby lub innego materiału na jednostkę powierzchni w jednostce czasu, jak np galony na stopę kwadratową na minutę.	Hydraulic Loading	The volume of liquid that is discharged to the surface of a filter, soil, or other material per unit of area per unit of time, such as gallons/square foot/minute.

Polish	Polish	English	English
Odczynnik Chemiczny	Substancja lub kompozycja używana do analizy chemicznej lub innych reakcji.	Reagent	A substance or mixture for use in chemical analysis or other reactions.
Odpady Niebezpieczne	Odpady które stanowią zagrożenia dla zdrowie publicznego albo dla środowiska.	Hazardous Waste	Hazardous waste is waste that poses substantial or potential threats to public health or the environment.
Odpływ i Przypływ	Zmniejszyć i wtedy zwiększyć - cykliczne powtarzanie, jak w przypadku pływów.	Ebb and Flow	To decrease then increase in a cyclic pattern, such as tides.
Odporne Odpady	Odpady które są trwałe dla otoczenia albo są bardzo wolne w naturalnym rozkładzie i które mogą być bardzo trudne do rozkładu w oczyszczalniach ścieków.	Recalcitrant Wastes	Wastes which persist in the environment or are very slow to naturally degrade and which can be very difficult to degrade in wastewater treatment plants.
Odsalanie	Usuwanie soli z wody morskiej, w celu uzyskania słodkiej wody.	Desalination	The removal of salts from a brine to create a potable water.
OHM	Olej i Niebezpieczne Matieraly	OHM	Oil and Hazardous Materials
Organizm Heterotroficzny	Organizmy które wykorzystają związki organiczne dla pożywienia.	Heterotrophic Organism	Organisms that utilize organic compounds for nourishment.
Organizmy Wskaźnikowe	Łatwo rozpoznawalny organizm, który jest zazwyczaj obecny gdy inne chorobotwórcze organizmy są obecne, a nieobecny gdy nie występują organizmy chorobotwórcze.	Indicator Organism	An easily measured organism that is usually present when other pathogenic organisms are present and absent when the pathogenic organisms are absent.

Polish	Polish	English	English
Osad (Muł)	Stała, albo pół-stała zawiesina wytwarzana jako produkt uboczny w procesach oczyszczania ścieków lub zawiesina otrzymana w wyniku procesu oczyszczania wody pitnej i wielu innych procesów przemysłowych.	Sludge	A solid or semi-solid slurry produced as a by-product of wastewater treatment processes or as a settled suspension obtained from conventional drinking water treatment and numerous other industrial processes.
Osad Czynny	Sposób oczyszczania ścieków przemysłowych, przy użyciu powietrza i kłaczków biologicznych składających się z bakterii i pierwotniaków.	Activated Sludge	A process for treating sewage and industrial wastewaters using air and a biological floc composed of bacteria and protozoa.
Osady Polodowcowe	Materiały wypłukane z lodowca przez topiącą się wodę i pozostawione poza moreną.	Glacial Outwash	Material carried away from a glacier by meltwater and deposited beyond the moraine.
Oscylacja	Powtarzająca się zmiana, przeważnie w czasie; wartość mierzona od środka lub od równowagi stanu chemicznego lub fizycznego.	Oscillation	The repetitive variation, typically in time, of some measure about a central or equilibrium, value or between two or more different chemical or physical states.
Oscylacja Północnoatlantycka	Zjawisko meteorologiczne występujące w obszarze Północnego Atlantyku, związane z globalną cyrkulacją powietrza i wody oceanicznej; ujawnia się poprzez fluktuację ciśnienia pomiędzy Wyżem Azorskim i Niżem Islandzki. Ma wpływ na klimat na otaczających kontynentach.	NAO (North Atlantic Oscillation)	A weather phenomenon in the North Atlantic Ocean of fluctuations in atmospheric pressure differences at sea level between the Icelandic low and the Azores high that controls the strength and direction of westerly winds and storm tracks across the North Atlantic.

Polish	Polish	English	English
Osmoza	Spontaniczny ruch cząsteczek przez błonę półprzepuszczalną, który prowadzi do wyrównania stężeń po obu stronach błony.	Osmosis	The spontaneous net movement of dissolved molecules through a semi-permeable membrane in the direction that tends to equalize the solute concentrations both sides of the membrane.
Owady Metamorficzne	Owady które podlegają kompletnej metamorfozie, przechodząc przez cztery etapy życia: zarodków, larwy, poczwarki i imago.	Holometabolous Insects	Insects that undergo a complete metamorphosis, going through four life stages: embryo, larva, pupa, and imago.
Oz	Długi, wąski wał złożony z piasków, żwirów i czasami głazów osadzonych przez wody rozpuszczające się pod lodowcem.	Esker	A long, narrow ridge of sand and gravel, sometimes with boulders, formed by a stream of water melting from beneath or within a stagnant, melting, glacier.
Ozonowanie	Oczyszczanie lub mieszanie substancji lub związku z ozonem.	Ozonation	The treatment or combination of a substance or compound with ozone.
Paskal	W układzie SI, jednostka ciśnienia. Określany jako jeden niuton na metr kwadratowy.	Pascal	The SI derived unit of pressure, internal pressure, stress, Young's modulus and ultimate tensile strength; defined as one newton per square meter.
Patogen	Organizm, zazwyczaj wirus lub bakteria, który powoduje choroby wśród ludzi.	Pathogen	An organism, usually a bacterium or a virus, which causes, or is capable of causing, disease in humans.
PCB	Polichlorowane Bifenyle	PCB	Polychlorinated Biphenyl

Polish	Polish	English	English
pH	Miara ilości jonów wodorowych w wodzie; wskaźnik kwasowości wody.	pH	A measure of the hydrogen ion concentration in water; an indication of the acidity of water.
Pierścień Heterocykliczny	Pierścień atomów z więcej niż jednym rodzajem atomów. Najczęściej, pierścień ma atomy węgle, i co najmniej jeden inny atom.	Heterocyclic Ring	A ring of atoms of more than one kind; most commonly, a ring of carbon atoms containing at least one non-carbon atom.
Piroliza	Spalanie lub szybkie utlenianie substancji organicznej, prowadzone bez udziału tlenu.	Pyrolysis	Combustion or rapid oxidation of an organic substance in the absence of free oxygen.
Pływowy	Pod wpływem działania pływów oceanicznych wzrastających lub spadających.	Tidal	Influenced by the action of ocean tides rising or falling.
Poczwarka (Stadium Spoczynkowe)	Etap życia niektórych owadów przechodzących transformację. Stadium poczwarki występuje tylko wśród holometabolous owadów.	Pupa	The life stage of some insects undergoing transformation. The pupal stage is found only in holometabolous insects, those that undergo a complete metamorphosis, going through four life stages: embryo, larva, pupa, and imago.
pOH	Miara ilości jonów hydroksylowych w wodzie; wskaźnik zasadowości wody.	pOH	A measure of the hydroxyl ion concentration in water; an indication of the alkalinity of the water.
Polaryzacja Światła	Światło które jest odbijane lub przekazywane przez niektóre media, tak że wszystkie drgania ograniczone są do jednej płaszczyzny.	Polarized Light	Light that is reflected or transmitted through certain media so that all vibrations are restricted to a single plane.

Polish	Polish	English	English
Północny Tryb Pierścieniowy	Schemat zmienności klimatu dotyczący przepływu atmosferycznego na półkuli północnej, który nie jest związany z sezonowymi cyklami.	Northern Annular Mode	A hemispheric-scale pattern of climate variability in atmospheric flow in the northern hemisphere that is not associated with seasonal cycles.
Południowy Pływ Pierścieniowy	Schemat zmienności klimatu dotyczący przepływu atmosferycznego na półkuli południowej nie związany z sezonowymi cyklami.	Southern Annular Flow	A hemispheric-scale pattern of climate variability in atmospheric flow in the southern hemisphere that is not associated with seasonal cycles.
Pompa Gerotorowa	Pompa wyporowa.	Gerotor	A positive displacement pump.
Pompa Perystaltyczna	Typ pompy wyporowej, używanej z różnymi płynami. Płyn mieści się w środku elastycznej rury wmontowanej wewnątrz obudowy pompy. Wirnik ściska elastyczną rurkę, powodując przepływ płynu w jednym kierunku.	Peristaltic Pump	A type of positive displacement pump used for pumping a variety of fluids. The fluid is contained within a flexible tube fitted inside a (usually) circular pump casing. A rotor with a number of "rollers," "shoes," "wipers," or "lobes" attached to the external circumference of the rotor compresses the flexible tube sequentially, causing the fluid to flow in one direction.
Porfir	Nazwa stosowana do określania skał magmowych, które składają się z dużych kryształów, jak skaleń lub kwarc.	Porphyry	A textural term for an igneous rock consisting of large-grain crystals such as feldspar or quartz dispersed in a fine-grained matrix.
Porowatość Gruntu	Przestrzeń pomiędzy ziarnami gleby w mieszaninie gleby lub jej przekroju.	Pore Space	The interstitial spaces between grains of soil in a soil mixture or profile.

Polish	Polish	English	English
Poziom Wód Gruntowych	Głębokość, na której pory gleby lub szczeliny w skale są całkowicie nasycone wodą.	Groundwater Table	The depth at which soil pore spaces or fractures and voids in rock become completely saturated with water.
Poziom Zanieczyszczeń	Błędna nazwa niewłaściwie stosowana do określenia stężenia zanieczyszczeń.	Contaminant Level	A misnomer incorrectly used to indicate the concentration of a contaminant.
Prąd Strumieniowy	Intensywny, wąski strumień powietrza w górnej atmosferze albo troposferze. Główne prądy strumieniowe w US występują w pobliżu tropopauzy i płyną z zachodu na wschód.	Jet Stream	Fast flowing, narrow air currents found in the upper atmosphere or troposphere. The main jet streams in the United States are located near the altitude of the tropopause and flow generally west to east.
Proces Termodynamiczny	Fragment układu termodynamicznego od stanu początkowego do końcowego stanu równowagi termodynamicznej.	Thermodynamic Process	The passage of a thermodynamic system from an initial to a final state of thermodynamic equilibrium.
Produkcja Opłacalna	Osiągnięcie dobrych wyników przy danym poziomie wydanej kwoty pieniężnej; ekonomiczny lub wydajny.	Cost-Effective	Producing good results for the amount of money spent; economical or efficient.
Protolit	Skała macierzysta z ktorej uformowana zostaje skała metamorficzna. Na przykład protolitem marmuru jest wapień, z kolei marmur jest metamorficzną formą wapnia.	Protolith	The original, unmetamorphosed rock from which a specific metamorphic rock is formed. For example, the **protolith** of marble is limestone, since marble is a metamorphosed form of limestone.

Polish	Polish	English	English
Przemiana Adiabatyczna	Proces termodynamiczny w czasie którego nie następuje wymiana ciepła lub materii między systemem a jego otoczeniem.	Adiabatic Process	A thermodynamic process that occurs without transfer of heat or matter between a system and its surroundings.
Przeobrażenie (Metamorfoza)	Proces biologiczny w którym zwierzę fizycznie się rozwija. Następuje nagła zmiana struktury ciała przez rozwój i różnicowanie się komórek.	Metamorphosis	A biological process by which an animal physically develops after birth or hatching, involving a conspicuous and relatively abrupt change in body structure through cell growth and differentiation.
Przepływ Dławiony	Przepływ w którym strumień nie może zostać zwiększony przez zmianę ciśnienia przed zaworem lub ograniczenia za nim. Przepływ poniżej ograniczenia nazywamy spokojnym, przepły nad ograniczeniem nazywamy krytycznym.	Choked Flow	Choked flow is that flow at which the flow cannot be increased by a change in Pressure from before a valve or restriction to after it. Flow below the restriction is called Subcritical Flow, above the restriction is called Critical Flow.
Przepływ Krytyczny	W przepływie krytycznym, liczba Froude'a (bezwymiarowa) jest równa 1. To znaczy: prędkość podzielona przez pierwiastek kwadratowy od (stała grawitacyjna pomnożona przez głębokość) = 1 (Porównaj z przepływem rwącym i spokojnym).	Critical Flow	Critical flow is the special case where the froude number (dimensionless) is equal to 1; or the velocity divided by the square root of (gravitational constant multiplied by the depth) = 1 (Compare to Supercritical Flow and Subcritical Flow).

Polish	Polish	English	English
Przepływ Laminarny	Przepływ uwarstwiony, w którym płyn przepływa w równoległych warstwach, bez zakłóceń między warstwami. Przepływ taki zachodzi przy odpowiednio małej prędkości przepływu.	Laminar Flow	In fluid dynamics, laminar flow occurs when a fluid flows in parallel layers, with no disruption between the layers. At low velocities, the fluid tends to flow without lateral mixing. There are no cross-currents perpendicular to the direction of flow, nor eddies or swirls of fluids.
Przepływ Rwący	W przepływie rwącym, liczba Froude'a jest większa niż jeden. To znaczy: Prędkość podzielona przez pierwiastek kwadratowy od (stała grawitacyjna pomnożona przez głębokość) = >1 (Porównaj z przepływem spokojnym, i krytycznym).	Supercritical flow	Supercritical flow is the special case where the froude number (dimensionless) is greater than 1. i.e. The velocity divided by the square root of (gravitational constant multiplied by the depth) = >1 (Compare to Subcritical flow and Critical flow).
Przepływ Spokojny	W przepływie spokojnym, liczba Froude'a jest mniej niż jeden. To znaczy: Prędkość podzielona przez pierwiastek kwadratowy od (stała grawitacyjna pomnożona przez głębokość) = <1 (Porównaj z przepływem krytycznym i rwącym).	Subcritical flow	Subcritical flow is the special case where the froude number (dimensionless) is less than 1. i.e. The velocity divided by the square root of (gravitational constant multiplied by the depth) = <1 (Compare to Critical flow and Supercritical flow).
Przerwania Chlorowanie	Metoda używana do ustalenia minimalnego stężenia chloru w dostarczanej wodzie, niezbędnego	Breakpoint Chlorination	A method for determining the minimum concentration of chlorine needed in a water supply to

Polish	Polish	English	English
	do spełnienia wymagań chemicznych, dzięki czemu dodatkowe zapasy chloru będą dostępne do dezynfekcji wody.		overcome chemical demands so that additional chlorine will be available for disinfection of the water.
Przewodność Hydrauliczna	Właściwość gruntów i skał, która opisuje jak łatwo woda może przemieszczać się przez pory i pęknięcia. Zależy od wewnętrznej przepuszczalności materiału, stopnia nasycenia i od gęstości i lepkości wody.	Hydraulic Conductivity	Hydraulic conductivity is a property of soils and rocks, which describes the ease with which a fluid (usually water) can move through pore spaces or fractures. It depends on the intrinsic permeability of the material, the degree of saturation, and on the density and viscosity of the fluid.
Pułapka Obiektywu	Określona przestrzeń w warstwie skały, w której może się gromadzić płyn (zazwyczaj olej).	Lens Trap	A defined space within a layer of rock in which a fluid, typically oil, can accumulate.
Radar	Urządzenie służące do wykrywania obiektów (za pomocą fal radiowych), ich kierunek, odległość i prędkość.	Radar	A detection system that uses radio waves to determine the range and angle to fixed objects, or the velocity of moving objects.
Reagent	Substancja która bierze udział i zmienia się w reakcji chemicznej.	Reactant	A substance that takes part in and undergoes change during a chemical reaction.
Reakcja Egzotermiczna	Reakcja chemiczna która emituje światło lub ciepło.	Exothermic Reactions	Chemical reactions that release energy by light or heat.
Reakcja Endotermiczna	Proces lub reakcja chemiczna, w czasie której system pochłania energię z otoczenia; zazwyczaj, ale nie zawsze w formie ciepła.	Endothermic Reactions	A process or reaction in which a system absorbs energy from its surroundings; usually, but not always, in the form of heat.

Polish	Polish	English	English
Reakcja Redoks	Każda reakcja chemiczna, w której dochodzi zarówno do redukcji, jak i utleniania. W tych reakcjach zmienia się stopień utlenienia atomów. Ogólnie, reakcje redoks obejmują transfer elektronów między chemicznymi związkami.	Redox	A contraction of the name for a chemical reduction-oxidation reaction. A reduction reaction always occurs with an oxidation reaction. Redox reactions include all chemical reactions in which atoms have their oxidation state changed; in general, redox reactions involve the transfer of electrons between chemical species.
Reaktor Membranowy	Zobacz: Reaktor Membranowy	MBR	See: Membrane Reactor
Reaktor Membranowy	Urządzenie fizyczne, które łączy proces konwersji chemicznej z procesem membranowej separacji w celu dodania reagenta lub usunięcia produktu reakcji.	Membrane Reactor	A physical device that combines a chemical conversion process with a membrane separation process to add reactants or remove products of the reaction.
Reaktywność	W chemii, zdolność związków i pierwiastków chemicznych do wejścia w reakcję chemiczną z innym związkiem lub pierwiastkiem.	Reactivity	Reactivity generally refers to the chemical reactions of a single substance or the chemical reactions of two or more substances that interact with each other.
Redukcja Chemiczna	Zwiększenie ilości elektronów przez cząsteczki, atom lub jon podczas reakcji chemicznych.	Chemical Reduction	The gain of electrons by a molecule, atom, or ion during a chemical reaction.
Równanie Ciągłości	Matematyczne wyrażenie które reprezentuje Teoria Zachowania Masy; używane w fizyce, hydraulice, itp., do	Continuity Equation	A mathematical expression of the Conservation of Mass theory; used in physics, hydraulics, etc., to calculate

Polish	Polish	English	English
	kalkulowania zmian stanu które chronią masę studiowanego systemu.		changes in state that conserve the overall mass of the system being studied.
Rzad Wielkosci	Wielokrotność dziesięciu. Na przyklad, 10 jest o jeden rząd wielkości większy niz 1, a 1000 jest o 3 rzędy wielkości większe niz 1. Odnosi sie to także do innych liczb, jak np. 50 jest o jeden rząd wielkości wyższy niż 4.	Order of Magnitude	A multiple of ten. For example, 10 is one order of magnitude greater than 1 and 1000 is three orders of magnitude greater than 1. This also applies to other numbers, such that 50 is one order of magnitude higher than 4, for example.
Rzeźba Glaci-fluwialna	Formy terenu uksz-tałtowane przez wody polodowcowe, np. drumliny i ozy.	Fluvioglacial Landforms	Landforms molded by glacial meltwater, such as drumlins and eskers.
Saprotrof	Roślina, grzyb lub mikroorganizm który pobiera energię z martwych szczątków organicznych.	Saprophyte	A plant, fungus, or microorganism that lives on dead or decaying organic matter.
Ściek	Woda, która zostala skażona i nie służy więcej swojemu przeznaczeniu.	Wastewater	Water which has become contaminated and is no longer suit-able for its intended purpose.
Ścieki	Wodorozcieńczalne odpady, w postaci roztworu lub zawi-esiny, które obejmują ludzkie odchody i inne składniki ścieków.	Sewage	A water-borne waste, in solution or suspension, generally including human excrement and other wastewater compo-nents.
Sedymentacja	Tendacja cząstek w zawiesinie do osadzania się w płynie w wyniku działania siły grawi-tacji, przyspieszenia odśrodkowego lub elektromagnetyzmu.	Sedimentation	The tendency for par-ticles in suspension to settle out of the fluid in which they are entrained and come to rest against a barrier due to the forces of gravity, cen-trifugal acceleration, or electromagnetism.

Polish	Polish	English	English
Sekwestracja	Proces uchwycenia chemikalia w atmosferycznym otoczeniu i odizolowania go w naturalnym lub sztucznym miejscu; jak np. pochłanianie dwutlenku węgla eliminuje jego ujemne oddziaływanie na środowisko.	Sequestration	The process of trapping a chemical in the atmosphere or environment and isolating it in a natural or artificial storage area, such as with carbon sequestration to remove the carbon from having a negative effect on the environment.
Siła Dośrodkowa	Siła która powoduje zakrzywienie toru ruchu obiektu. Ten kierunek zawsze jest pod kątem prostym w stosunku do ruchu obiektu, i w stronę środka łuku. Isaac Newton opisał to jako "siła którą obiekty są ciągnięte albo pchane lub w jakikolwiek inny sposób mają tendencję kierowania się w stronę punktu centralnego."	Centripetal Force	A force that makes a body follow a curved path. Its direction is always at a right angle to the motion of the body and toward the instantaneous center of curvature of the path. Isaac Newton described it as "a force by which bodies are drawn or impelled, or in any way tend, towards a point as to a centre."
Siła Inercyjna	Siła odczuwalna przez obserwatora w przyspieszającym lub obracającym się obiekcie odniesienia, która potwierdza prawo Newtona o ruch, np. uczucie popychania do tyłu w przyspieszającym pociągu.	Inertial Force	A force as perceived by an observer in an accelerating or rotating frame of reference, that serves to confirm the validity of Newton's laws of motion, e.g. the perception of being forced backward in an accelerating vehicle.
Siła Odśrodkowa	Termin mechaniki newtonowskiej stosowany w odniesieniu do siły bezwładności skierowanej od osi obrotu, który	Centrifugal Force	A term in Newtonian mechanics used to refer to an inertial force directed away from the axis of rotation that appears

Polish	Polish	English	English
	wydaje się działać na wszystkie przedmioty, obserwowane w ruchu obrotowym.		to act on all objects when viewed in a rotating reference frame.
Skała Metamorficzna	Jeden z typów skał budujących skorupę ziemską, powstały ze skał magmowych bądź osadowych na skutek przeobrażenia (metamorfizmu) pod wpływem wysokich temperatur (150 °C–200 °C), i nacisku większego niż 1500 barów Oryginalna skała może być osadowa, magmowa lub inna starsza skała metamorficzna.	Metamorphic Rock	Metamorphic rock is rock which has been subjected to temperatures greater than 150 to 200 °C and pressure greater than 1500 bars, causing profound physical and/or chemical change. The original rock may be sedimentary, igneous rock, or another, older, metamorphic rock.
Skała Osadowa	Typ skały powstałej przez nagromadzenie materiału na powierzchni ziemi i w obrębie wód przez proces sedymentacji.	Sedimentary Rock	A type of rock formed by the deposition of material at the Earth surface and within bodies of water through processes of sedimentation.
Skała Wulkaniczna	Skała uformowana z zastygłej, stopionej lawy.	Volcanic Rock	Rock formed from the hardening of molten rock.
Skały Magmowe	Skała z dużych kryształów osadzonych miedzy drobnymi minerałami.	Porphyritic Rock	Any igneous rock with large crystals embedded in a finer groundmass of minerals.
Sole Mineralne	Każdy związek chemiczny, wytworzony w reakcji kwasu z zasadą, z całością lub częścią wodoru kwasu zastąpiony metalem lub innym kationem.	Salt (Chemistry)	Any chemical compound formed from the reaction of an acid with a base, with all or part of the hydrogen of the acid replaced by a metal or other cation.

Polish	Polish	English	English
Spalanie	Wypalanie gazów palnych pochodzących z zakładów produkcyjnych i wysypisk śmieci w celu zapobiegania zanieczyszczeniu atmosfery z uwalnianych gazów.	Flaring	The burning of flammable gasses released from manufacturing facilities and landfills to prevent pollution of the atmosphere from the released gases.
Spektrofotometr	Spektrometr	Spectrophotometer	A Spectrometer
Spektrometria Mas	Forma analizy substancji w czasie której wiązka światła przechodzi przez próbkę płynu dla wskazania koncentracji obecnych w niej zanieczyszczeń.	Mass Spectroscopy	A form of analysis of a compound in which light beams are passed through a prepared liquid sample to indicate the concentration of specific contaminants present.
Spektroskop	Przyrząd służący do mierzenia stężenia różnych zanieczyszczeń w cieczy poprzez zmianę koloru zanieczyszczeń, a następnie przepuszczenia strumienia światła przez próbkę. Zaprogramowany test odczytuje natężenie i gęstość koloru w próbce co określa koncentrację zanieczyszczeń tego płynu.	Spectrometer	A laboratory instrument used to measure the concentration of various contaminants in liquids by chemically altering the color of the contaminant in question and then passing a light beam through the sample. The specific test programmed into the instrument reads the intensity and density of the color in the sample as a concentration of that contaminant in the liquid.
Sprzężona Zasada	Związki utworzone przez odłączenie protonu od kwasu; w istocie, kwas minus jon wodorowy.	Conjugate Base	A species formed by the removal of a proton from an acid; in essence, an acid minus a hydrogen ion.

Polish	Polish	English	English
Środek Maskujący	Zobacz: Chelaty	Sequestering Agents	See: Chelates
Środki Chelatujące	Czynniki chelatujące są to chemikalia lub związki chemiczne, które reagują z metalami ciężkimi, zmieniaję ich skład chemiczny oraz zwiększają prawdopodobieństwo łączenia się z innymi metalami, składnikami odżywczymi lub substancjami. W takim przypadku metal który pozostaje znany jest jako "chelat."	Chelating Agents	Chelating agents are chemicals or chemical compounds that react with heavy metals, rearranging their chemical composition and improving their likelihood of bonding with other metals, nutrients, or substances. When this happens, the metal that remains is known as a "chelate."
Śródmiąższowa Woda	Woda uwięziona w przestrzeniach porów między cząstkami gleby.	Interstitial Water	Water trapped in the pore spaces between soil or biosolid particles.
Staw Dojrzewania	Oszczędnościowe stawy oczyszczające, które głównie następują za pierwotnymi lub wtórnymi stawami dyskretnej oczyszczalni ścieków. Głównie przeznaczone jako trzeci stopień oczyszczania (m.in. usuwanie patogenów, składników odżywczych i algi) są one przeważnie bardzo płytkie (zazwyczaj 0.9–1m głębokości).	Maturation Pond	A low-cost polishing pond, which generally follows either a primary or a secondary facultative wastewater treatment pond. Primarily designed for tertiary treatment (i.e., the removal of pathogens, nutrients, and possibly algae), they are very shallow (usually 0.9–1 m depth).
Stechiometria	Obliczanie względnych ilości reagentów i produktów w reakcjach chemicznych.	Stoichiometry	The calculation of relative quantities of reactants and products in chemical reactions.

Polish	Polish	English	English
Stężenie Molalne	Molalnośc	Amount Concentration	Molarity
Stężenie Molalne	Zobacz: Molalność	Molal Concentration	See: Molality
Stężenie Molowe	Zobacz: Molarność	Molar Concentration	See: Molarity
Stężenie Substancji	Zobacz: Molarność	Substance Concentration	See: Molarity
Stopa Zysku	Zysk z inwestycji, ogólnie dotyczący każdej zmiany wartości jak np. odsetki, dywidendy lub inne przepływy pieniężne.	Rate of Return	A profit on an investment, generally comprised of any change in value, including interest, dividends, or other cash flows, which the investor receives from the investment.
Stosunek (matematyka)	Matematyczny związek między dwoma liczbami, który wskazuje ile razy pierwsza liczba zawiera drugą.	Ratio	A mathematical relationship between two numbers indicating how many times the first number contains the second.
Stratosfera	Druga główna warstwa atmosfery ziemskiej, znajdująca się nad troposferą, a pod mezosferą.	Stratosphere	The second major layer of Earth atmosphere, just above the troposphere, and below the mesosphere.
Syntetyzować	Stworzyć coś przez łączenie ze sobą różnych rzeczy lub stworzyć coś przez łączenie prostszych substancji w procesie chemicznym.	Synthesize	To create something by combining different things together or to create something by combining simpler substances through a chemical process.
Synteza	Połączenie części rozłączonych w taki sposob, że tworzą jedną całość; stworzenie nowej substancji przez połączenie lub roz	Synthesis	The combination of disconnected parts or elements so as to form a whole; the creation of a new substance by the combination or

Polish	Polish	English	English
	kład chemicznych pierwiastków, grup lub związków; albo łączenie różnych koncepcji w spójną całość.		decomposition of chemical elements, groups, or compounds; or the combining of different concepts into a coherent whole.
Szara Woda	Woda wolna od fekaliów, wytwarzana w czasie domowych procesów takich jak mycie naczyń, kąpiel czy pranie.	Grey Water	Greywater is gently used water from bathroom sinks, showers, tubs, and washing machines. It is water that has not come into contact with feces, either from the toilet or from washing diapers.
Szczelinowanie Hydrauliczne	Metoda stymulacji odwiertu, podczas której skała ulega kruszeniu pod wpływem ciśnienia substancji płynnej.	Fracking	Hydraulic fracturing is a well-stimulation technique in which rock is fractured by a pressurized liquid.
Szczelinowanie Hydrauliczne	Zobacz: Szczelinowanie Hydrauliczne	Hydraulic Fracturing	See: Fracking
Szczelinowanie Hydrauliczne	Zobacz: Szczelinowanie Hydrauliczne	Hydrofracturing	See: Fracking
Termodynamika	Dział fizyki zajmujący się badaniem ciepła i temperatury i ich relacji do energii i pracy.	Thermodynamics	The branch of physics concerned with heat and temperature and their relation to energy and work.
Termomechaniczna Konwersja	Stosowana jest do zamiany energii cieplnej na energię mechaniczną.	Thermomechanical Conversion	Relating to or designed for the transformation of heat energy into mechanical work.

Polish	Polish	English	English
Termosfera	Warstwa atmosfery ziemskiej znajdująca się bezpośrednio nad mezosferą i poniżej egzofery, zaczynająca się na wysokości około 85 kilometrów (53 mil) nad powierzchnią Ziemi. Promieniowanie ultrafioletowe powoduje fotojonizację i fotodysocjację cząsteczek w tej warstwie.	Thermosphere	The layer of Earth atmosphere directly above the mesosphere and directly below the exosphere. Within this layer, ultraviolet radiation causes photoionization and photodissociation of molecules present. The thermosphere begins about 85 kilometers (53 mi) above the Earth.
Tlenowiec	Rodzaj organizmu, który rozwija się jedynie w obecności tlenu.	Aerobe	A type of organism that requires oxygen to propagate.
Tlenowy	Związany, odnoszący się lub wymagający wolnego tlenu.	Aerobic	Relating to, involving, or requiring free oxygen.
Torf (Mech)	Brązowy, bagnisty grunt, składający się z częściowo rozłożonych substancji roślinnych. Używany w ogrodnictwie i jako paliwo.	Peat (Moss)	A brown, soil-like material characteristic of boggy, acid ground, consisting of partly decomposed vegetable matter; widely cut and dried for use in gardening and as fuel.
Torfowisko	Typ mokradła, bez zalesienia, zdominowany przez rośliny tworzące torf. Istnieją dwa typy torfowisk—zalewisko i bagnisko.	Mires	A wetland terrain without forest cover dominated by living, peat-forming plants. There are two types of mire—fens and bogs.

Polish	Polish	English	English
Torfowisko Niskie	Obszar nizinny, który jest w całości lub częściowo pokryty wodą. Jest położony na skarpie, płaszczynie, lub depresji i dostaje swoją wodę z opadów atmos-ferycznych i wód powierzchniowych. W bagnach w wyniku procesów utleniania związków organic-znych tworzy się torf.	Fen	A low-lying land area that is wholly or partly covered with water and usually exhibits peaty alkaline soils. A fen is located on a slope, flat, or depression and gets its water from both rainfall and surface water.
Tropopauza	Granica w atmosferze ziemskiej pomiędzy troposferą i stratos-ferą.	Tropopause	The boundary in the atmosphere between the troposphere and the stratosphere.
Troposfera	Najniższa warstwa atmosfery ziemskiej; Stanowi 75% jej całkowitej masy, i trzyma 99% jej pary wodnej i aerozoli. Średnia głębokość wynosi około 17 km (10.5 mil) w środ-kowych szerokości-ach geograficznych, 20 km (12.5 mil) w tropikach, i 7 km (4.4 mil) w pobliżu regionów polarnych w zimie.	Troposphere	The lowest portion of atmosphere; containing about 75% of the atmospheric mass and 99% of the water vapor and aerosols. The average depth is about 17 km (10.5 mi) in the middle latitudes, up to 20 km (12.5 mi) in the tropics, and about 7 km (4.4 mi) near the polar regions, in winter.
Tuf Wulkamiczny	Typ skały ufor-mowanej ze zbitego pyłu wulkanicznego, o zróżnicowanej wielkości ziarna od drobnego piasku do gruboziarnistego żwiru.	Volcanic Tuff	A type of rock formed from com-pacted volcanic ash which varies in grain size from fine sand to coarse gravel.

Polish	Polish	English	English
Turbina Wiatrowa	Typ turbiny wiatrowej w której główna oś wiernika jest osadzona poprzecznie do wiatru (ale nie koniecznie pionowo) podczas gdy główne komponenty są umieszczone w podstawie turbiny. Takie ułożenie pozwala na to, że generator i przekładnia jest umieszczona blisko gruntu ułatwiając konserwacje i naprawy. Turbina ta nie musi być skierowana pod wiatr, dzięki czemu sensor wiatru nie jest wymagany.	Vertical Axis Wind Turbine	A type of wind turbine where the main rotor shaft is set transverse to the wind (but not necessarily vertically) while the main components are located at the base of the turbine. This arrangement allows the generator and gearbox to be located close to the ground, facilitating service and repair. VAWTs do not need to be pointed into the wind, which removes the need for wind-sensing and orientation mechanisms.
Turbina Wiatrowa	Urządzenie mechaniczne przeznaczone do wychwytywania energii z wiatru poprzez wprowadzanie w ruch śmigła lub jakiejś pionowej łopatki, a tym samym obracając wirnik wewnątrz generatora w celu wytworzenia energii elektrycznej.	Wind Turbine	A mechanical device designed to capture energy from wind moving past a propeller or vertical blade of some sort, thereby turning a rotor inside a generator to generate electrical energy.
Turbina Wiatrowa (o poziomej osi obrotu)	Pozioma oś oznacza, że oś obrotu turbiny wiatrowej jest poziomo, lub równolegle do ziemi.	Horizontal Axis Wind Turbine	Horizontal axis means the rotating axis of the wind turbine is horizontal, or parallel with the ground. This is the most common type of wind turbine used in wind farms.

Polish	Polish	English	English
Twardość Wody	Suma jonów wapnia i magnezu w wodzie; jony innych metali także wpływają na twardość wody ale rzadko występują w znaczącej koncentracji.	Water Hardness	The sum of the calcium and magnesium ions in the water; other metal ions also contribute to hardness, but are seldom present in significant concentrations.
Ujście	Miejsce w którym ciek kończy swój bieg, łącząc się z inną rzeką.	Estuary	A water passage where a tidal flow meets a river flow.
UV	Ultrafiolet (światło)	UV	Ultraviolet Light
VAWT	Turbina o pionowej osi obrotu	VAWT	Vertical Axis Wind Turbine
Vena Contracta	Punkt w strumieniu płynu o najmniejszym przekroju i największej szybkości, tak jak w strumieniu płynu wypływającego z dyszy albo innego otworu.	Vena Contracta	The point in a fluid stream where the diameter of the stream, or the stream cross-section, is the least, and fluid velocity is at its maximum, such as with a stream of fluid exiting a nozzle or other orifice opening.
Waga Jednostkowa	Zobacz: Ciężar Właściwy	Unit Weight	See: Specific Weight
Warstwa Wodonośna	Warstwa skał lub nieutwardzonego podloża, która umożliwia pobór znaczącej ilości wody.	Aquifer	A unit of rock or an unconsolidated soil deposit that can yield a usable quantity of water.
Wewnętrzna Stopa Zwrotu (IRR)	Metoda obliczania efektywności inwestycji, która nie uwzględnia czynników zewnętrznych. Stopa procentowa wynikająca z transakcji jest wyliczona raczej na podstawie warunków transakcji niż warunki transakcji rozliczane na podstawie określonej stopy procentowej.	Internal Rate of Return	A method of calculating rate of return that does not incorporate external factors; the interest rate resulting from a transaction is calculated from the terms of the transaction, rather than the results of the transaction being calculated from a specified interest rate.

Polish	Polish	English	English
Wielok-leszczowe	Doczepione do centralnego atomu przez co najmniej dwa lub większą ilość wiązań. Zobacz: Ligand i Chelat.	Polydentate	Attached to the central atom in a coordination complex by two or more bonds —See: Ligands and Chelates.
Wielokrotność Liczby 10	Zasięg czasu który obejmuje więcej niż jedną dekadę lub 10 lat.	Multidecadal	A timeline that extends across more than one decade, or 10-year, span.
Wietrzenie	Utlenianie, rdzewienie lub inny rozkład materiału wskutek wpływu pogody.	Weathering	The oxidation, rusting, or other degradation of a material due to weather effects.
Wiosenne Mokradła	Tymczasowe naturalne zbiorniki wodne stwarzające środowisko dla specyficznych roślin i zwierząt; specyficzny typ mokradła przeważnie pozbawionego ryb, co pozwala na bezpieczny rozwój płazów i innych insektów, które nie wytrzymałyby obecności i walki na otwartych wodach.	Vernal Pool	Temporary pools of water that provide habitat for distinctive plants and animals; a distinctive type of wetland usually devoid of fish, which allows for the safe development of natal amphibian and insect species unable to withstand competition or predation by open water fish.
Wirus	Różne rodzaje submikroskowych środków, które skażają żywe organizmy, często powodując chorobę, posiadają pojedyncze lub podwójne wiązanie RNA lub DNA otoczone przez warstwę proteiny. Niemożliwe do rozwoju bez komórki nosiciela, wirusy często nie są uważane jako żywe organizmy.	Virus	Any of various submicroscopic agents that infect living organisms, often causing disease, and that consist of a single or double strand of RNA or DNA surrounded by a protein coat. Unable to replicate without a host cell, viruses are often not considered to be living organisms.

Polish	Polish	English	English
Woda Gruntowa	Woda znajdująca sie pod powierzchnią ziemi, w porach i szczelinach skały i gleby.	Groundwater	Groundwater is the water present beneath the Earth surface in soil pore spaces and in the fractures of rock formations.
Wody Okoliczne	Woda zatrzymana na powierzchni ziemi lub na osadach ście-kowych.	Vicinal Water	Water which is trapped next to or adhering to soil or biosolid particles.
Współczyn-nik Hazen-Williams	Empiryczna zależność przepływu wody w rurze od jej budowy i spadku ciśnienia spowodowanego tarciem.	Hazen -Williams Coefficient	An empirical relationship which relates the flow of water in a pipe with the physical properties of the pipe and the pressure drop caused by friction.
Wyspa Ciepła	Zobacz: Miejska Wyspa Ciepła	Heat Island	See: Urban Heat Island
Zalążek	W biologii, organizm szczególnie ten, który powoduje chorobę. W rolnictwu termin ten odnosi się do nasion określonych roślin.	Germ	In biology, a micro-organism, especially one that causes disease. In agricul-ture the term relates to the seed of specific plants.
Zaniec-zyszczać	Dodawanie chemi-kalii do substancji, która pierwotnie była czysta.	Contaminate	A verb meaning to add a chemical or compound to an otherwise pure substance.
Zanieczyszc-zenie	Rzeczownik oznacza substancję zmieszaną lub dodaną do czystej substancji; termin ten oznacza zwykle negatywny wpływ zanieczyszc-zeń na jakość lub właściwości czystej substancji.	Contaminant	A noun meaning a substance mixed with or incorporated into an otherwise pure substance; the term usually implies a negative impact from the contaminant on the quality or charac-teristics of the pure substance.

Polish	Polish	English	English
Zarazić versus Atakowa	Slowo "zarazić " oznacza wywolać chorobę przez organizmy takie jak zarazki lub wirusy. Slowo atakować odnosi się do czegoś niepożądanego, występującego w danej chwili w dużej ilości.	Infect versus Infest	To "Infect" means to contaminate with disease-producing organisms, such as germs or viruses. To "Infest" means for something unwanted to be present in large numbers, such as mice infesting a house or rats infesting a neighborhood.
Zmiękczanie Wody	Usuwanie jonów wapnia i magnezu z wody a także innych obecnych jonów metalu.	Water Softening	The removal of calcium and magnesium ions from water (along with any other significant metal ions present).
Związek Heterocykliczny	Materiał o strukturze atomowej cyklicznej, której atomy mają co najmniej dwa różne elementy w swych pierścieniach.	Heterocyclic Organic Compound	A heterocyclic compound is a material with a circular atomic structure that has atoms of at least two different elements in its rings.
-	Zaprzeczenie antropogenicznych cech w rozwoju człowieka.	Anthropodenial	The denial of anthropogenic characteristics in humans.
-	Dwustopniwy proces usuwania amoniaku, obejmujący dwie różne populacje biomasy, w ktorym tlenowa bakteria amonowo utleniona (AOB) nitrifikuje amon do azotanu a nastepnie do gazu azotowego.	Deammonification	A two-step biological ammonia removal process involving two different biomass populations, in which aerobic ammonia oxidizing bacteria (AOB) nitrify ammonia to a nitrite form and then to nitrogen gas.
-	Ogólnie odnosi się do roślin które otrzymują wodą z opadów atmosferycznych.	Ombrotrophic	Refers generally to plants that obtain most of their water from rainfall.
-	Zobacz: Staw Dojrzewania	Polishing Pond	See: Maturation Pond

Polish	Polish	English	English
-	Cecha charakterystyczna dla poczatku epoki kamienia łupanego, jak na przykład to określenie użyte przy terminie "narzędzie epoki kamienia łupanego."	Protolithic	Characteristic of something related to the very beginning of the Stone Age, such as protolithic stone tools, for example.

REFERENCES

Das, G. 2016. *Hydraulic Engineering Fundamental Concepts.* New York: Momentum Press, LLC.

Freetranslation.com. August 2016. Retrieved from www.freetranslation.com/

Hopcroft, F. 2015. *Wastewater Treatment Concepts and Practices.* New York: Momentum Press, LLC.

Hopcroft, F. 2016. *Engineering Economics for Environmental Engineers.* New York: Momentum Press, LLC.

Kahl, A. 2016. *Introduction to Environmental Engineering.* New York: Momentum Press, LLC.

Pickles, C. 2016. *Environmental Site Investigation.* New York: Momentum Press, LLC.

Plourde, J.A. 2014. *Small-Scale Wind Power Design, Analysis, and Environmental Impacts.* New York: Momentum Press, LLC.

Sirokman, A.C. 2016. *Applied Chemistry for Environmental Engineering.* New York: Momentum Press, LLC.

Sirokman, A.C. 2016. *Chemistry for Environmental Engineering.* New York: Momentum Press, LLC.

Webster, N. 1979. *Webster's New Twentieth Century Dictionary, Unabridged.* 2nd Ed. Scotland: William Collins Publishers, Inc.

Wikipedia. March 2016. "Wikipedia.org." Retrieved from www.wikipedia.org/

OTHER TITLES IN OUR ENVIRONMENTAL ENGINEERING COLLECTION

Francis J. Hopcroft, Wentworth Institute of Technology, Editor

Hydraulic Engineering: Fundamental Concepts
by Gautham P. Das

Climate Change
by Kaufui Vincent Wong

Applied Chemistry for Environmental Engineering
by Armen S. Casparian and Gergely Sirokman

Introduction to Environmental Engineering
by Alandra Kahl

Environmental Site Investigation
by Christopher B. Pickles

Engineering Economics for Environmental Engineers
by Francis J. Hopcroft

Conversion Factors for Environmental Engineers
by Francis J. Hopcroft

Ponds, Lagoons, and Wetlands for Wastewater Management
by Matthew E. Verbyla

Announcing Digital Content Crafted by Librarians

CPSIA information can be obtained
at www.ICGtesting.com
Printed in the USA
LVHW012235011121
702175LV00003B/116

9 781945 612145